PARIS. — TYPOGRAPHIE DE CH. MEYRUEIS
Rue des Grès, 11.

LE

# PAYS DE L'ÉVANGILE

NOTES D'UN VOYAGE EN ORIENT

PAR

EDMOND DE PRESSENSÉ



AVEC UNE CARTE

PARIS
LIBRAIRIE DE CH. MEYRUEIS, ÉDITEUR
RUE DE RIVOLI, 174

1864

# PRÉFACE

Le voyage que j'ai fait au printemps dernier en Orient me laisse d'ineffaçables impressions, une sorte de sillon lumineux dans l'esprit et dans le cœur. Les notes que je publie n'ont d'autre mérite que de conserver l'empreinte immédiate des grands spectacles qui ont passé sous mes yeux. Je ne les remanie pas et je me garde d'en tirer un livre en règle.

Je n'ai pas fait la plus petite découverte scientifique; j'ai tout au plus contrôlé celles de mes devanciers. Mais ce pays de l'Evangile m'a donné une intuition nouvelle de ce glorieux passé; il m'a semblé qu'il se ranimait pour moi et que sur cette terre que je foulais, Celui qui remplit pour nous et le passé, et le présent et l'éternité, revivait, comme aux jours anciens, dans toute la réalité de son humanité divine; qu'il se dégageait aussi bien des froides brumes de la métaphysique que des nuages dorés de la légende, et qu'il se montrait à moi tel que le virent saint Pierre et saint Jean, Marie de Béthanie et la femme qui saisit sa robe ou la pécheresse qui pleura à ses pieds. J'espère reporter cette impression dans les travaux que je prépare sur la vie de Jésus, mais si ces notes de voyage, écrites pour la plupart sous la tente et devant les lieux que je décris, pouvaient en garder quelques traces qui ne fussent pas trop effacées, elles auraient atteint leur but. Il n'y a rien de nouveau sous le soleil, mais le soleil, par l'inépuisable variété de ses teintes, renouvelle incessamment les aspects. Ainsi en est-il de l'âme humaine; elle colore ce qu'elle contemple; elle projette son émotion, sa flamme intérieure sur les objets les plus connus. C'est ce qui m'encourage à parler de la Palestine, de l'Egypte et de la Grèce, malgré tous les beaux livres qui nous y ont transportés.

J'ai voyagé non-seulement dans l'espace mais encore dans le temps, c'est-à-dire dans l'histoire; je n'ai pu séparer un instant les lieux que je parcourais des souvenirs qu'ils évoquaient en moi et qui leur donnaient leur principal intérêt à mes yeux.

L'histoire des religions qui eurent leur berbeau et leur foyer dans les contrées que j'ai visitées occupe donc une grande place dans ces notes, mais sous la forme brisée, accidentée qu'elle pouvait revêtir en se rattachant aux incidents du voyage.

J'ai raconté non-seulement ce que j'ai vu, mais ce que j'ai pensé et senti, mêlant librement le présent au passé, les entretiens aux réflexions, les paysages aux jugements sur les hommes et les choses. Que si l'ennui résulte de ce mélange, je m'en console en pensant à la facilité du remède. Un petit livre comme celui-ci qui apprend si peu de chose est bien vite mis de côté, dès qu'il cesse d'intéresser les lecteurs.

Je ferai précéder mes notes de voyage d'un rapide aperçu sur les pèlerinages en Terre-Sainte et je rappellerai les grandes divisions géographiques de la Palestine. Le lecteur aura ainsi un moyen facile de se retrouver dans la description de tant de lieux divers.

EDMOND DE PRESSENSÉ.

Paris, 24 août 1864.

# AVANT-PROPOS

## I

### LES PÈLERINAGES ET LES VOYAGES EN TERRE-SAINTE

On sait combien les pèlerinages en Palestine ont été nombreux depuis les premiers âges du christianisme. Il serait très curieux d'en retracer l'histoire avec détail. Ce serait au fond l'histoire du sentiment religieux lui-même sous ses formes diverses.

Pendant l'époque qui suit le siècle apostolique, le pèlerinage en Terre-Sainte n'existe pas à proprement parler. Sans doute les troubles qui suivirent la prise de Jérusalem, les révoltes des Juifs, les horreurs d'une répression implacable expliquent la rareté des voyages en Palestine, mais il ne faut pas oublier que l'Eglise est encore animée de ce spiritualisme hardi qui faisait dire à Paul : « Si nous avons connu Christ selon la chair, nous ne le connaissons plus de cette manière. » Nulle part dans les Pères des trois premiers siècles il n'y a trace d'un désir général de visiter Jérusalem. Si une telle préoccupation eût existé dans l'Eglise de cette époque il n'y aurait pas tant de vague et d'incertitude dans les traditions concernant les lieux saints ; la discussion sur l'emplacement du saint Sépulcre n'aurait pas été soulevée, si les premières générations chrétiennes avaient eu la coutume d'y venir adorer. Mais les croyants ne cherchaient plus parmi les morts Celui qui est vivant et ils préféraient lever les yeux vers le ciel d'où la nue qui l'avait reporté dans la gloire devait le ramener sitôt, selon la croyance générale de ces temps. Avec le quatrième siècle une ère nouvelle commence ; le christianisme est devenu une religion impériale, officielle ; il est encore plein de sève et de foi, mais pour enfermer l'empire dans son cadre, — l'empire qui est moralement païen, — il doit non-seulement s'élargir indéfiniment mais se modifier à bien des égards; il descend de la haute région de l'esprit qu'il a habitée pour s'attacher aux représentations sensibles. En quels lieux une telle tendance pouvait-elle mieux se satisfaire que dans la contrée où le Christ avait vécu, était mort et était ressuscité? Là, son souvenir se liait à des circonstances extérieures, au sol qu'il avait foulé, aux arbres dont l'ombre l'avait abrité, à la pierre de son tombeau, si on parvenait à la retrouver. Hélène, la mère de Constantin, représente parfaitement cette forme nouvelle du sentiment religieux; certes, on ne peut qu'admirer sa ferveur sincère, son brûlant amour pour le Christ. Elle répand ses richesses à ses pieds comme Marie son vase de parfum, mais elle mêle l'idolâtrie à l'adoration; ce qu'elle cherche par-dessus toute chose pour l'adorer et l'enchâsser d'or et de pierreries, c'est sa vraie croix, et quand elle s'imagine l'avoir trouvée elle en fait la première des reliques. C'était payer bien cher un bois apocryphe. Aussi les somptueuses basiliques dont elle couvrit la Palestine, monuments d'une piété touchante quoique aveugle, ensevelirent plutôt qu'elles ne conservèrent le souvenir du christianisme primitif.

Les pèlerinages en Terre-Sainte deviennent toujours plus nombreux à partir de cette époque. Le plus illustre des pèlerins, c'est saint Jérôme; la grotte de Bethléhem devient le théâtre de ses luttes et de ses travaux; l'étoile qui avait guidé les mages en ces lieux a brillé pour lui dans l'orageuse nuit de sa jeunesse; elle l'a conduit comme eux au berceau du divin enfant pour lui offrir incessamment les trésors de sa riche intelligence et la myrrhe et l'encens de ses brûlantes adorations. Du fond de cet obscur réduit il se mêle à tous les grands combats de l'Eglise du quatrième siècle, y jette comme un glaive sa parole enflammée et convoque autour de lui les grandes dames romaines dont il a fait d'humbles servantes du Christ. C'est là qu'il traduit les prophètes et les apôtres dans son mâle latin. Jamais vie contemplative ne fut plus active et plus militante que celle de Jérôme; l'ascétisme qui a dompté sa chair a doublé ses forces morales. Dans sa solitude de Bethléhem il représente admirablement l'énergique réaction de l'esprit chrétien contre un christianisme paganisé, mais cette réaction elle-même n'a plus la haute spiritualité des premiers temps; elle est mêlée de plus d'une erreur et obscurcie de plus d'une superstition[1].

Dans les grands bouleversements qui accompagnèrent la dissolution de l'empire romain, d'innombrables chrétiens cherchèrent un refuge en Palestine; ce n'est pas que le pays offrît plus de sécurité qu'aucun autre, mais ils étaient poussés par une sorte d'instinct religieux.

Les campagnes où avait vécu le divin berger

[1] Saint Jérôme a traduit et enrichi l'*Onomasticon* d'Eusèbe, espèce de dictionnaire de géographie sacrée. On y trouve plusieurs indications précieuses. — Voir dans l'édition Migne les tomes II et III des Œuvres de saint Jérôme, p. 771.

des âmes semblaient au troupeau dispersé et épouvanté le plus sûr bercail, et le sol arrosé de son sang attirait les victimes des invasions barbares comme le grand lieu d'asile de l'humanité souffrante. Lors de l'invasion d'Alaric en Italie (400) et de celle des Vandales (428), la Palestine fut repeuplée par les fugitifs chrétiens. L'exemple de Jérôme fut suivi par beaucoup de pieux solitaires. Les grottes qui avoisinent le Cédron, au bord de la mer Morte, furent la retraite préférée de ces nouveaux ascètes; ils trouvaient sur ces sables arides et dans cette nature dévastée les grands souvenirs religieux qui exaltent l'âme et l'aspect sauvage qui convenait à leur austérité. Vers l'an 600, vingt monastères avaient été bâtis dans ces contrées; plus de dix mille moines peuplaient la solitude d'Engaddi.

Le cours des pèlerinages ne fut pas interrompu un seul jour. Il ne s'agissait pas seulement de visiter une terre sacrée, mais d'y chercher quelque relique; si on ne trouvait pas un fragment prétendu de la vraie croix, on rapportait du moins un rameau d'olivier, une fiole de l'eau du Jourdain, le vêtement qui avait participé à la sainte immersion et qui était devenu une armure invincible contre les démons; parfois on se contentait d'une poignée de terre ramassée à Jérusalem, d'une rose ou d'une branche de palmier coupée dans l'oasis de Jéricho. Le bâton de pèlerin était au retour suspendu au foyer comme une relique de famille. Les relations de ces voyages lointains étaient lues avec avidité; elles satisfaisaient à la fois le sentiment religieux et le goût du merveilleux, car l'Orient était tout ensemble le pays de la foi et celui du rêve. De ces anciens récits, le plus précieux pour nous est le Mémoire du pèlerin de Bordeaux[1]; il nous fait connaître avec assez d'exactitude l'état de Jérusalem sous la domination bysantine; on voit que la ville a moins changé depuis lors qu'on ne pourrait le supposer. Les pèlerinages ne cessèrent pas avec l'in-

[1] *Itinerarium Burdigalense.* — On le trouve à la suite de l'*Itinéraire* de M. de Chateaubriand.

vasion de l'islamisme qui commença vers les premières années du huitième siècle son œuvre de destruction. Seulement ils parurent plus méritoires en devenant plus dangereux.

Il y eut un moment où l'Europe chrétienne tout entière accomplit son pèlerinage, mais elle le fit en armes et avec le ferme dessein de reconquérir sur les infidèles le tombeau du Christ et le pays qui avait été honoré de sa présence.

Les croisades furent une explosion puissante du sentiment religieux du moyen âge; elles en eurent la ferveur et l'ignorance, et elles révèlent d'une manière extraordinaire ce mélange de foi ardente et de rudesse sauvage, d'amour sincère du Christ et d'exaltation fanatique qui caractérise cette époque. La théocratie reconstituée à Rome précipitait le nouvel Israël à une nouvelle conquête de la terre de Canaan, et elle l'y envoyait pour y accomplir une guerre d'extermination, comme si l'ère du Christ n'avait pas remplacé l'ère de Moïse et que le glaive meurtrier fût au service du roi pacifique. Ce qui demeure grand à jamais dans ce mouvement incomparable, c'est l'enthousiasme sincère qui y présida et qui fut un levier assez puissant pour remuer ces millions d'hommes et les lancer au-devant des périls et de la mort, par delà les mers, à la conquête d'un tombeau. Rien ne prouvait mieux que ce tombeau était vide et que Celui qui y avait été déposé était plus vivant que jamais. Un monde entier ne se soulève pas pour une ombre. La superstition se mêlait sans doute à ce grand mouvement de l'Orient vers l'Occident; mais il n'en avait pas moins pour inspiration un sentiment religieux plein de puissance. Nous n'en voulons d'autre preuve que les paroles que Silvestre II, le premier pape qui ait prêché la croisade, mettait dans la bouche de l'Eglise de Jérusalem sous la forme d'une supplique à l'Eglise universelle : « O toi, Eglise qui es dans un état florissant, pure épouse du Seigneur, dont je me reconnais l'un des membres, j'ai le ferme espoir que tu me relèveras, bien que je sois blessée à mort. Ou bien te détournerais-tu de moi à cause de mon abaissement? Vois donc que malgré ma ruine actuelle je suis comme le joyau de la terre; les prophètes et les patriarches m'appartiennent. De moi sont sortis les apôtres, ces flambeaux du monde. Ici le monde a retrouvé son Sauveur, car, quand bien même le Christ est partout par la vertu de sa divinité, c'est sur mon sol qu'il a vécu dans sa chair, qu'il est né, qu'il a été crucifié et enlevé au ciel. C'est pourquoi, milice du Christ, déploie ton étendard, considère ce qu'il te donne et ce que tu lui donnes; peu de chose est demandé à chacun, et ce peu tu le donnes à Celui qui t'a tout donné gratuitement et qui te réserve un bonheur éternel en échange de ces faibles dons qui viennent encore de lui! » Le pape Urbain, un siècle plus tard, s'adressait en ces termes au concile de Clermont: « Le Sauveur de notre race qui, pour nous sauver, a revêtu un corps mortel, a vécu dans ce pays de bénédiction. Chaque place y est consacrée par les paroles qu'il a prononcées, par les miracles qu'il a accomplis.

Chaque page de l'Ancien et du Nouveau Testament démontre que la Palestine est l'héritage du Seigneur et que Jérusalem doit rester pure de toute profanation comme un sanctuaire. Et cette ville, la patrie de Jésus-Christ, le berceau de notre salut, est maintenant comme en dehors de la rédemption. La doctrine du diable est maintenant enseignée dans le Temple d'où Jésus a chassé les vendeurs. Malheur à nous si nous pouvons vivre encore en supportant de telles profanations. » L'Europe chrétienne répondit à ces brûlants appels par ce mot d'ordre de la guerre sainte : *Dieu le veut !*

L'histoire de ce croisé qui, au premier aspect de Jérusalem, mourut de joie et de ravissement peut être plus ou moins légendaire, mais elle répond à cet enthousiasme mystique du moyen âge, qui dans quelques âmes brûla comme une flamme pure. Les armées chrétiennes occupèrent assez longtemps la Terre-Sainte pour la couvrir d'églises; un art nouveau qui devait aboutir aux merveilles du gothique consacra le souvenir de ce grand mouvement religieux, et il suffit de ses débris pour en comprendre la beauté et l'originalité [1].

Après la fatale issue des croisades, les pèlerinages en Palestine offrent trop de périls pour être fréquents. Vers le seizième siècle l'ardeur scientifique succède à l'ardeur religieuse. La renaissance développe la passion des découvertes. L'Orient est parcouru par de hardis aventuriers qui veulent moins y baiser les traces du Christ que soulever le voile mystérieux qui le recouvre. Les pèlerins sont remplacés par les voyageurs. Ce nouveau point de vue est très clairement exprimé dans le titre de la relation d'un Voyage en Palestine, fait par Pierre Belon, du Mans, vers l'an 1550; il est ainsi conçu : *Observations de plusieurs singularités et choses mémorables trouvées en Grèce, Asie, Judée, etc.*

Parmi les voyageurs de cette époque, on cite en première ligne François Quaresmius, Pietro

[1] Voir le beau livre de M. Melchior de Vogüé sur les *Eglises de la Palestine*.

della Valle, Richard Pococke; leurs récits peuvent encore être consultés avec fruit. Au dix-huitième siècle le sentiment religieux s'efface presque complétement; l'Allemand Niebuhr fraye le premier la voie aux recherches précises de notre époque. Volney porte dans les contrées qui ont vu naître le christianisme l'esprit de la philosophie voltairienne; toutefois, sa belle imagination s'échauffe au spectacle des débris entassés des civilisations de l'ancien monde; il en rapporte de larges et pathétiques tableaux, et dans son impartialité d'observateur exact il justifie plus d'une fois, sans le vouloir, les oracles prophétiques dont il se rit comme philosophe. L'ère des grands voyages scientifiques commence avec notre siècle, que l'on peut appeler le siècle de l'histoire; le dix-neuvième siècle est un interrogateur passionné du passé, il veut le retrouver tout entier et il l'évoque de son sépulcre par la précision du savoir. On sait quel essor ont pris de nos jours les études orientales. Il ne se pouvait pas qu'on n'accordât une attentiòn particulière à cette portion de l'Orient où la civilisation moderne a pris naissance. Mais avant la science et après la religion, la poésie a eu ses illustres pèlerins. Chateaubriand est venu chercher en Orient les éclatantes couleurs de son poëme des *Martyrs*. Ce fils des croisés ne demandait au fond que des images grandioses à la terre du saint Sépulcre ; il y portait un cœur troublé de passions terrestres; son voyage aux lieux saints était un chemin détourné pour se terminer au rendez-vous de l'Alhambra. Aussi son *Itinéraire* est-il un écrin de pierreries; on y chercherait vainement un mot du cœur et la trace d'une larme. On y regrettè une érudition de seconde main peu sûre et très fatigante. Reconnaissons néanmoins que nul ne l'égale quand sa grande et mélancolique imagination est ébranlée au spectacle des désolations de la Palestine et qu'il nous peint le désert de Judée « qui semble respirer encore la grandeur de Jéhovah et les épouvantements de la mort. » Je ne connais rien de plus admirable que le morceau suivant sur l'impression générale produite sur le voyageur par l'aspect du pays : « Quand on voyage dans la Judée, d'abord un grand ennui saisit le cœur; mais lorsque, passant de solitude en solitude, l'espace s'étend sans bornes devant vous, peu à peu l'ennui se dissipe, on éprouve une terreur secrète qui loin d'abaisser l'âme, donne du courage et élève le génie. Des aspects extraordinaires décèlent de toutes parts une terre travaillée par des miracles; le soleil brûlant, l'aigle impétueux, le figuier stérile, toute la poésie, tous les tableaux de l'Ecriture sont là. Chaque nom renferme un mystère, chaque grotte déclare l'avenir, chaque sommet retentit de l'accent d'un prophète. Dieu même a parlé sur ces bords, les torrents desséchés, les rochers fendus, les tombeaux entr'ouverts attestent le prodige; le désert paraît encore muet de terreur, et l'on dirait qu'il n'a pas osé rompre le silence, depuis qu'il a entendu la voix de l'Eternel[1]. « Le *Voyage en Orient* de M. de

[1] *Itinéraire*, t. I, p. 452.

Lamartine est un éblouissement continuel; la profusion de ses métaphores est encore plus étonnante que celle de ses libéralités pour ses hôtes; il sème sur sa route moins d'or que d'images, et ce n'est pas peu dire. Il ne faut pas lui demander la précision des souvenirs, la netteté des lignes; il ne faut chercher dans son livre qu'un splendide effet de lumière; c'est le feu même du soleil d'Orient. Aussi comprend-il mieux le Bosphore que le Jourdain, Beyrouth et Damas l'emportent dans ses souvenirs sur Jérusalem. Chose étrange! M. de Lamartine avait eu sur la terre de France une intuition plus vraie de la Palestine que celle qu'il a obtenue sur les lieux mêmes. La vision poétique l'a emporté sur la vue directe de ces grands spectacles. Le *Voyage en Orient* n'a rien de comparable aux strophes suivantes écrites à Marseille :

. . . . . . . . . . . . . . . . . . . . . . . .

Je n'ai pas étanché ma soif intarissable,
Le soir, au puits d'Hébron de trois palmiers couvert.

Je n'ai pas étendu mon manteau sous les tentes,
Dormi dans la poussière où Dieu retournait Job,
Ni la nuit, au doux bruit des toiles palpitantes,
Rêvé les rêves de Jacob.
Je n'ai pas entendu, du fond de ses abîmes,
Le Jourdain lamentable élever ses sanglots,
Pleurant avec des pleurs et des cris plus sublimes
Que ceux dont Jérémie épouvanta ses flots.

Et je n'ai pas marché sur des traces divines
Dans ce champ où le Christ pleura sous l'olivier,
Et je n'ai pas cherché ses pleurs sur les racines
D'où les anges jaloux n'ont pu les essuyer !
Et je n'ai pas veillé pendant des nuits sublimes
Au jardin où, suant sa sanglante sueur,
L'écho de nos douleurs et l'écho de nos crimes
Retentirent dans un seul cœur.

Et je n'ai pas couché mon front dans la poussière
Où le pied du Sauveur en partant s'imprima,
Et je n'ai pas usé sous mes lèvres la pierre
Où, de pleurs embaumé, sa mère l'enferma.
Et je n'ai pas frappé ma poitrine profonde
Aux lieux où, par sa mort conquérant l'avenir,
Il ouvrit ses deux bras pour embrasser le monde
Et se pencha pour le bénir.

Au premier rang des voyages scientifiques il faut placer celui de l'Américain Robinson. Il a déployé le premier une critique sagace dans la détermination de la topographie sacrée, en s'affranchissant des légendes de couvent et en éclairant les renseignements bibliques par les traditions locales qui plus d'une fois lui ont donné le trait de lumière. Sans doute, plusieurs de ses résultats ont été contestés, mais sur l'ensemble il demeure la source principale d'une étude approfondie de la Palestine[1]. Le *Voyage en Orient* de Schubert (1836) peut aussi être consulté avec fruit; moins riche et moins exact que Robinson, il a davantage pénétré l'esprit de l'Orient; l'érudition y est accompagnée d'une poésie qui n'est pas sans fraîcheur. Il est impossible de mentionner tous les voyages scientifiques ou pittoresques accomplis ces dernières années en Palestine.

M. de Saulcy la quittait à peine comme j'y abordais et sa récente exploration est actuellement l'objet des plus vives discussions. MM. de Vogué et Waddington ont rapporté l'année pré-

[1] Voici le titre exact de son livre : *Robinson, Biblical researches in Palestina, Mount-Sinaï and Arabia-Petræa.* 4 vol.

cédente la plus riche moisson archéologique, et l'ouvrage du premier sur le *temple de Jérusalem* est un document de la plus haute importance sur l'antiquité sacrée. Au moment même où je longeais la mer Morte, M. le duc de Luynes y dirigeait la savante expédition dont on attend avec impatience les résultats. M. Renan parcourait, il y a trois ans, les lieux saints pour broyer les couleurs de ses paysages évangéliques.

Il serait impossible d'énumérer tous les ouvrages sur le même sujet qu'a produits l'Angleterre. Il y aurait cependant de l'ingratitude de notre part à ne pas mentionner l'admirable livre de M. Stanley[1]. L'auteur a peint la Palestine d'un pinceau large et sobre, ses descriptions ont un relief et une vie extraordinaire à force d'exactitude; on dirait qu'il a pris toutes vives les empreintes des lieux qu'il décrit; les rapprochements historiques sont du plus haut intérêt. Ce livre respire une piété virile, profonde,

[1] *Sinaï and Palestina.*

dégagée aussi bien des légendes du judaïsme prophétique de son pays que de celles des couvents. C'est selon moi un chef-d'œuvre, et je ne comprends pas qu'il ne soit pas traduit. Mentionnons le voyage de M. Van de Velde trop empreint d'une couleur religieuse un peu grise. mais précieux par l'exactitude et surtout par la grande carte qui l'accompagne et qui est désormais classique.

En France, nous avons eu le *Voyage au Levant,* de Madame de Gasparin, où au travers d'un assez bizarre mélange on trouve des paysages fermes et éclatants, traités à sa manière réaliste, mais énergique et pittoresque. Je fais exception pour la première partie du voyage qui peut être intitulée : *La Grèce par un jour de pluie.* Je ne dirai qu'une chose du *Voyage en Terre-Sainte*, de M. Félix Bovet, c'est que toutes les fois que je relis ce livre où l'érudition la plus sûre s'unit à un sentiment religieux plein de chaleur et à la plus franche admiration des beautés de l'Orient sacré, j'ai la tentation de jeter au feu mes notes. La section du grand ouvrage géographique de Ritter qui concerne la Palestine, est le répertoire le plus complet de toutes les relations de voyage et de tous les renseignements imaginables; on dirait l'Océan père des fleuves auquel aboutissent tous les cours d'eau. La grande pensée scientifique et chrétienne de l'illustre auteur plane avec puissance sur cette masse énorme de faits[1]. Ritter montre admirablement l'accord qui existe entre les destinées du peuple hébreu et le caractère du pays où il s'est développé, mais cet accord n'est pas une dégradante fatalité; il révèle la Providence et non le hasard, et la liberté humaine conserve son jeu et son action dans les conditions favorables que lui a préparées la liberté divine.

Le Précis géographique de Raumer est animé du même esprit et fournit un guide sûr et commode dans ces vastes études[2].

Il suffit de mentionner l'historien Josèphe.

[1] Ritter, *Erdkunde*, t. XV et XVI.
[2] *Palestina*, von Karl von Raumer.

Tout le monde sait que les désignations topographiques empruntées à son histoire de la guerre des Juifs sont le document essentiel en cette matière et l'objet même de toutes les controverses.

Les pèlerinages religieux n'ont point cessé même au dix-neuvième siècle. Le souvenir du Crucifié suffit pour attirer de tous les points de l'Asie Mineure et même de l'Europe des milliers d'hommes et de femmes qui viennent adorer au tombeau du Christ comme si la grande culture moderne n'existait pas. Aujourd'hui comme au moyen âge reparaît, jusque sous la plus grossière superstition, l'immortel sentiment chrétien qu'aucune force ne détruira, pas plus le scalpel de la critique que le cimeterre musulman. A la suite de ces innombrables chrétiens qui abordent en Palestine, on voit arriver sur ces mêmes rivages le Juif en vêtements souillés, et avec toutes les apparences d'un deuil inconsolable; il veut au moins mourir aux lieux où ses pères ont régné, mêler sa poudre à la poussière de la vallée de Josaphat et y attendre le Messie comme s'il n'était pas venu il y a dix-huit siècles. Il ne se doute pas qu'il est à Jérusalem le témoin le plus irrécusable de ce Sauveur qu'il repousse encore et qui lui destine une patrie meilleure que celle qu'il a perdue par sa faute. C'est ainsi que sur cette terre dévastée l'Evangile se retrace en traits de feu!

## II

### DES GRANDES DIVISIONS GÉOGRAPHIQUES DE LA PALESTINE

On se contentera de rappeler ici les caractères généraux du pays et ses principales circonscriptions. Les frontières de la Palestine ont varié suivant les fluctuations de l'histoire nationale.

Cependant on peut ainsi déterminer les limites ordinaires des terres d'Israël. Au midi la frontière part du torrent d'Egypte et se dirige vers la pointe méridionale de la mer Morte; au nord elle aboutit au territoire de Damas, à l'Anti-Liban et au territoire de Tyr; la limite occidentale est la Méditerranée jusqu'à l'embouchure du torrent d'Egypte; à l'Orient, au delà du Jourdain, elle flotte dans le désert vers l'Euphrate[1].

[1] Munck, *Palestine*, p. 3.

Deux grandes chaînes de montagnes courent parallèlement au nord de la Palestine.

Ces deux chaînes sont le Liban et l'Anti-Liban que les anciens Hébreux confondaient sous le même nom. C'est du Liban, pris dans son ensemble, que les poëtes arabes ont dit que sur sa tête il porte l'hiver, sur ses épaules le printemps, dans son sein l'automne, tandis que l'été sommeille à ses pieds. Le Liban, la fameuse montagne des Cèdres, qui joue un rôle si considérable dans la poésie hébraïque, se dirige du nord vers le sud-ouest; il jette de nombreux contre-forts vers la côte maritime et vient mourir à la Méditerranée près de Tyr, après avoir formé un magnifique amphithéâtre de rochers. La grande chaîne parallèle, ou l'Anti-Liban, a son point de départ au nord-est près d'Homs (ou Emese) et se termine non loin du lac de Tibériade par le beau glacier de l'Hermon. Entre ces deux chaînes s'étend la vallée de la *Cœlésyrie* qui, après avoir dépassé Ba'lbek, se divise en deux branches, dont l'une, celle du sud-ouest, est étranglée entre de hautes parois de rochers et forme les pittoresques gorges du Leitani, tandis que l'autre, celle du sud-est, est la continuation naturelle de la Cœlésyrie et va rejoindre près d'Hasbeya la vallée du Jourdain. L'Oronte et le Leitani ont leur principal parcours dans la Cœlésyrie; le premier fait un brusque détour vers le nord-ouest, va arroser Antioche et se jette dans la Méditerranée près de Séleucie; le second, qui prend naissance près de Ba'lbek entre les deux chaînes, après s'être engouffré dans les gorges du Liban, se jette dans la Méditerranée près de Beyrouth. Le *Barada*, dont la source est au centre de l'Anti-Liban, apporte à Damas la fécondité et la fraîcheur et crée sur la bande rouge des sables du désert une merveilleuse oasis.

Tel est le système des montagnes situées au nord de la Palestine. On peut considérer comme le prolongement de l'Anti-Liban les deux chaînes parallèles qui courent vers le sud. La première de ces chaînes, se dirigeant vers le sud-ouest en deçà du Jourdain, comprend les montagnes de Saphed, du Thabor, celles qui entourent le lac de Tibériade et celles qui forment le haut plateau galiléen. Cette chaîne s'interrompt à l'entrée de la magnifique plaine d'Esdraëlon, sur les limites de la Galilée et de la Samarie, puis elle reparaît au Carmel et s'incline légèrement vers le sud-est avec les vertes montagnes de Samarie ou d'Ephraïm (Ebal, Garizim) et les cônes pierreux et arides de Juda. Le mont des Oliviers et les collines d'Hébron rompent un peu cette brûlante monotonie. La chaîne se termine au sud de la mer Morte. Du pied du Liban à Tyr (Sour) jusqu'au Carmel s'étend la côte maritime où s'élèvent les villes de Saint-Jean d'Acre et de Caïpha. Dans la plaine d'Esdraëlon coule le *Kison*. Du pied du Carmel jusqu'à Jaffa s'étend au bord de la mer la riche et célèbre plaine de Saaron, qui se terminait au pays des Philistins.

La seconde chaîne qui prolonge l'Anti-Liban au sud-est, au delà du Jourdain, comprend les montagnes de Galaad et la longue et sévère chaîne de Moab qui longe la mer Morte et encadre d'une ligne si ferme les horizons de la Palestine méridionale. Le mont Nébo, d'où Moïse, avant de mourir, embrassa d'un regard le pays de la promesse, fait partie de ce massif.

Le fleuve sacré par excellence, le Jourdain, coule dans la portion de la Palestine qui s'étend de l'extrémité sud de la Cœlésyrie jusqu'à la mer Morte. Sa source la plus haute jaillit des rochers de l'Hermon en nappe étincelante près d'Hasbeya; ses sources principales sont à Tell-el-Kady, l'ancien Dan, et à Banias, l'ancienne Césarée de Philippe. Il traverse la belle plaine de l'Hûleh, qui, située entre les dernières pentes de l'Anti-Liban et les montagnes de la Galilée, se termine au riche plateau de Basçan. De là, le fleuve forme, en élargissant son lit, le lac de Hûleh ou Mérom; il coule ensuite en mille sinuosités dans une vallée volcanique, tantôt entre des roches arides, tantôt entre des rives abaissées, puis il se jette dans le beau lac de Génésareth pour reparaître tout entier à son issue. Il bondit alors, semblable à un Mississipi syrien, de cascade en cascade, jusqu'à ce qu'il ne roule plus qu'un flot limoneux entre des berges très basses avant de se perdre dans le sel brûlant de la mer Morte, mais non sans s'être enrichi des eaux du Jabbok, — illustré par la lutte mystérieuse de Jacob. La vallée inférieure du Jourdain est la fameuse vallée du *Ghôr*. On a calculé que la mer Morte est à 1,300 pieds plus bas que la Méditerranée. Une telle dépression explique la chaleur tropicale du climat.

Si, de cet exposé succinct de la configuration du pays, nous passons à sa caractéristique générale, nous reconnaîtrons d'abord combien il était admirablement disposé par la Providence pour le développement historique du peuple qui devait l'habiter. La vocation d'Israël était d'être maintenu dans l'isolement pendant de longs siècles, jusqu'au moment où la grande idée religieuse qui était au fond de ses institutions, étant arrivée à maturité, il devrait la répandre sur le monde entier. Il fallait donc d'abord de hautes barrières entre le peuple juif et les autres nations, mais il fallait aussi que ces barrières ne fussent pas infranchissables et pussent s'abaisser au temps voulu. Cette double condition est évidemment réalisée dans la géographie de la Palestine. La contrée est fermée au sud par le désert égyptien, au nord par le rempart des hautes montagnes, à l'est par les aridités de la mer Morte et à l'ouest par l'absence de ports naturels. D'un autre côté elle est placée de telle sorte, au centre même des grands peuples historiques de l'ancien monde, que les communications pourront devenir fréquentes et faciles dès que l'éducation du peuple aura été achevée et que l'impulsion morale l'emportera sur les obstacles matériels qui ont suffi pour le maintenir dans la retraite pendant la longue période de préparation.

Le climat n'a rien d'énervant; c'est bien encore le ciel de l'Asie, mais, à part quelques steppes ou quelques oasis, il n'a ni le feu qui dévore ni l'éclat qui enivre. Il est d'ailleurs très varié suivant les zones. Chaque tribu avait sa place marquée. Le lot de chacune répondait à sa destination historique. Cette harmonie est admirablement indiquée dans le discours prophétique que Jacob tint à ses fils sur son lit de mort. Au sud, sur la limite même du désert, croît le cep de vigne où, selon la promesse du patriarche mourant, « Juda attache son ânon et lave son manteau dans le sang du raisin, » tandis qu'il trouve dans son pays montagneux la haute retraite où, « semblable au jeune lion qui vient de dérober sa proie, il assure sa primauté » (Genèse XLIX, 8-12). Benjamin, qui occupe les sauvages défilés de montagnes au nord de Juda, est le loup dévorant qui poursuit sa proie (Genèse XLIX, 27); sentinelle redoutable, placée à un poste de péril, son existence est un long combat. Dan, campé plutôt qu'établi à l'extrémité sud de la plaine de Saaron, est « un serpent sur le sentier du Philistin; » il mord les paturons de ses chevaux de guerre et défend avec acharnement une frontière disputée (Genèse XLIX, 16). Le vieux patriarche promet à la postérité de Joseph « les bénédictions des cieux en haut, et les bénédictions de l'abîme en bas et les bénédictions du lait des mamelles. » C'était garantir à Ephraïm et à Manassé un territoire fertile entre tous et comblé de toutes les richesses agricoles. Tel était bien le territoire occupé par la première de ces tribus et une moitié de la seconde. Les montagnes d'Ephraïm, qui sont le prolongement septentrional de celles de Juda sont remarquablement boisées. Les rosées abondantes et la fraîcheur des sources entretiennent cette double bénédiction du ciel en haut et de l'abîme en bas qu'avait promise le vieux patriarche. Joseph est bien par ses descendants « un rameau fertile près de la fontaine. »

Zabulon occupait le port des mers (Genèse XLIX, 13) et s'étendait jusqu'au lac de Génésareth. Asser cultive les champs fertiles qui avoisinent le col du Carmel et Sidon. C'est lui qui fournit le vin aux délices royales (Genèse XLIX, 24). Issachar, assis dans les prairies émaillées qui s'étendent autour de Jesraël et au pied du Thabor, ressemble « à l'onagre gros et fort qui se tient couché entre les barres des étables et qui a vu que le repos est bon et le pays délicieux » (Genèse XLIX, 14). Nephthali, possesseur des montagnes qui partent du lac de Génésareth et qui redescendent vers les sources du Jourdain, au pied de l'Hermon, est une « biche bondissante » sur des collines verdoyantes (Genèse XLIX, 21). Ruben, la demi-tribu de Manassé et Gad, occupent la contrée qui est au delà du Jourdain; le voisinage d'ennemis acharnés campés au pied des montagnes de Moab et dont les Bédouins d'aujourd'hui sont les dignes héritiers, impose à ces tribus une vie guerrière et accidentée presque nomade, ainsi dépeinte d'un trait par Jacob : « Des troupes viendront ravager Gad, mais aussi il ravagera à la fin » (Genèse XLIX, 19). Quant à Siméon et à Lévi, le châtiment infligé à leur postérité, pour leur violence meurtrière, a eu son plein effet. « Je les diviserai en Jacob, et les disperserai en Israël » (Gen. XLIX, 7), avait dit leur père mourant. Lévi n'eut pas de territoire fixe et Siméon n'eut que quelques villes de Judée.

Nous voyons, par cette rapide caractéristique du territoire des dix tribus, quelle étonnante variété d'aspects et de productions offrait la Palestine. Brûlée et déserte au bord de la mer Morte, elle devenait à Hébron un riche pays de vignobles. Une ligne de montagnes pierreuses se prolongeait au travers du pays de Juda; à peine avaient-elles atteint le territoire d'Ephraïm, qu'elles se couronnaient de bois d'oliviers et se paraient de verdure, tandis que du côté de la mer étincelante, vers Joppé, la plaine de Saaron parfumait l'air de ses orangers et de ses roses. Plus au nord, le Carmel se couvrait de la plus admirable végétation et laissait retomber son manteau de fleurs sur la plaine d'Esdraëlon; celle-ci venait mourir au pied du Thabor qui s'élevait comme une coupole de verdure non loin du beau lac de Génésareth; la chaleur tropicale des rives du lac formait le contraste le plus tranché avec le rude climat des monts de la Judée. Quel contraste encore entre les sources pures du Jourdain, à Césarée de Philippe, et son cours torrentueux dans la vallée du Ghor, et sa limoneuse embouchure au lac maudit ! Le désert pressait de toute part au sud le pays de lait et de miel ; c'était un mémorial des rudes années qui avaient précédé la conquête et une menace toujours suspendue sur les rébellions du peuple de col roide. Telle était cette terre étrange, scène étroite et pourtant grandiose du drame religieux d'où devait sortir le salut du monde.

Au temps du Christ, la division des tribus avait été effacée par les bouleversements répétés qui avaient remué le pays. La Palestine était partagée en quatre grandes régions :

1° La Judée proprement dite comprenait le territoire des anciennes tribus de Juda, de Benjamin, de Siméon. Elle était bornée à l'ouest par la Méditerranée, à l'est par le Jourdain et la mer Morte, au sud par Gaza et au nord par la Samarie.

2° La Samarie, qui comprenait le territoire de Nephthali, de la demi-tribu de Manassé et une portion du territoire de la tribu d'Issachar. Elle était bornée au sud par la Judée, au nord par la Galilée vers Djénin, à l'ouest par la Méditerranée et à l'est par le Jourdain.

3° La Galilée, qui comprenait le territoire des tribus d'Asser, de Nephthali, de Zabulon et une partie du territoire de la tribu d'Issachar, était bornée à l'ouest par la Méditerranée de Ptolémaïs au Carmel, au sud par la Samarie, au nord par la contrée avoisinant Tyr, et à l'est par le pays qui s'étendait sur la rive orientale du Jourdain inférieur.

4° La Pérée, comprenant tout le pays des Hébreux, à l'est du Jourdain. Les principales provinces étaient la Trachonitide, la Gaulonitide, la Pérée proprement dite, etc., etc.

Ces désignations géographiques suffisent dans leur généralité pour l'intelligence de mes notes de voyage. Débarqué à Jaffa, j'ai parcouru la Judée, la Samarie, la Galilée jusqu'aux sources du Jourdain, à Banias et Hasbeya; puis, je suis remonté jusqu'à Damas pour revenir par Ba'lbek à la mer que j'ai retrouvée à Beyrouth.

Il est facile maintenant au lecteur de s'orienter, et je n'ai plus qu'à lui donner en toute liberté mes impressions selon les incidents de la route.

LE

# PAYS DE L'ÉVANGILE

## NOTES D'UN VOYAGE EN ORIENT

---

## LA BASSE ÉGYPTE

A bord du *Dupleix*, mardi 1er mars 1864.

Acte héroïque et de bon augure pour la fermeté de mes résolutions! Je commence mon journal par un fort roulis. Si je m'arrête à ce prétexte, il n'y aurait plus de fin aux raisons bonnes ou mauvaises · ce serait tantôt la fatigue du cheval, tantôt la chaleur, ou bien le rêve commencé en face d'une nuit d'Orient. Brusquons la chose et mettons à l'ordre la paresse, mauvaise conseillère.

Des débuts de ce voyage je n'emporte d'autre

impression vive que celle de l'adieu. Je suis à la période où la vision radieuse des belles contrées que je vais parcourir s'efface entièrement devant un coin de notre vieux Paris, où mon âme habite plus que jamais. Ces liens tendres et sacrés qui sont devenus les fibres mêmes de la vie morale, comme ils se tendent douloureusement à l'heure de la séparation, mais comme aussi cette douleur est précieuse ! Comme elle permet de mesurer nos richesses d'affections ! N'est-ce pas toujours la souffrance qui est la grande révélatrice de ce qu'il y a de profond dans la vie ? Il faut son rayon brûlant sur nous pour que sous la superficie banale apparaisse le vrai fond de l'existence, aussi bien au point de vue humain qu'au point de vue divin.

Pour moi, au déchirement que j'éprouve, je comprends tout ce que Dieu m'a donné dans le cours ordinaire de la vie ! Mais je n'ose m'appesantir aujourd'hui sur cette félicité si grande ! Je ne puis que remettre à Dieu tous ces bien-aimés, et il me semble savoir, pour la première fois, ce que c'est que la prière qui abolit en haut la distance si grande en bas.

Malgré ce que mes impressions du jour ont de mélangé, je suis heureux de réaliser ce beau projet de voyage qui n'est décidément plus un rêve. Puissé-je apprendre à mieux connaître et à mieux aimer le Christ invisible en suivant les traces du Christ historique et en foulant cette terre sacrée où l'éternelle vérité a trouvé ses plus suaves symboles et révélé ses plus hauts enseignements ! Puissé-je en rapporter une image plus vivante, plus humaine, tout en demeurant divine, du Sauveur du monde ! Je ne quitte ma patrie tant aimée que pour mieux la servir et faire ce que je puis, avec bien d'autres, pour lui rendre le vrai Christ, Celui qui sauve et qui affranchit. Je trouve aussi un avantage à mettre un intervalle, — non pas, je l'espère, entre la vie et la mort, — mais entre deux périodes de ma carrière, à quitter quelque temps le champ de travail et de combat, et à considérer à distance l'œuvre commencée ! C'est comme une seconde veille des armes; c'est surtout un moyen salutaire de discerner le triste mélange de sentiments humains qui s'associe aux œuvres les meilleures et de rompre ces mille liens qui se tissent d'eux-mêmes dans la vie journalière, et arrêtent l'essor de l'âme. Je vais visiter les saints déserts d'où sont sortis les grands et austères témoins de la vérité, ces hommes qui furent puissants parce qu'ils furent humbles et qu'ils se placèrent non pas en face de la gloire terrestre à conquérir, mais en face de la vérité à proclamer et de l'humanité à sauver. C'est ce désert qui reçut aussi le Fils de l'homme déjà tout immolé à sa grande mission. Voilà, pour moi, la suprême beauté des solitudes du Jourdain.

Je n'ai pas à dire ici ce que j'ai éprouvé samedi dernier quand, au sifflet de la machine, Paris a si rapidement disparu devant nos yeux. A Marseille, la pluie battante qui nous attristait et qui nous semblait une sinistre prophétie pour notre voyage maritime cessa soudain. La plus cordiale hospitalité nous y attendait. J'eus la joie bien vive de voir arriver le dimanche soir mon ami, mon frère, qui personnifiait pour moi à ce moment de départ tout ce que la patrie a de meilleur [1]. Hier, lundi, le ciel s'est éclairci, Marseille a retrouvé sa gaieté brillante, son entrain extraordinaire et cette effervescence d'activité qui signale la grande cité commerciale.

A deux heures nous nous embarquons; la France est bien belle à nos yeux sous le beau soleil qui inonde ces côtes, grandiosement découpées, et nous envoyons un tendre adieu à tout ce que nous y laissons. Le pont du bateau nous offre comme un avant-goût de l'Orient. Toute une escouade de Bédouins en partance pour la Mecque s'y entasse; ils sont affreusement sales, couverts de besaces de mendiants en guise de burnous; leurs traits sont hâves et maigres, mais ils n'en font pas moins un effet bizarre et pittoresque une fois

[1] M. le pasteur Jean Monod.

qu'ils se sont accroupis avec un calme magistral et autant de satisfaction intime que s'ils reluisaient de propreté et n'étalaient pas ces abominables haillons, sans doute formidablement habités. J'ai éprouvé ce matin une impression indicible de tristesse en assistant à leurs exercices religieux, en entendant cette mélopée étrange, cette invocation criarde à Allah, qu'ils poussent stupidement vers le ciel en battant des mains en mesure. On voit que, pourvu qu'ils aient fait passer par leurs lèvres les syllabes sacrées, ils se croient en règle. Parmi ceux qui les regardaient en riant, plus d'un sans doute est plus bédouin en ceci qu'il ne le pense. Combien on a de peine à te reconnaître sous cette grossière enveloppe et sous cet extérieur sordide et dégradé, pauvre âme humaine, fille de Dieu et rachetée du Christ! Comme on sent tristement son impuissance à t'atteindre au travers de cette barbarie ignoble, et comme on a besoin de donner à l'œuvre rédemptrice, dans les siècles éternels, ces vastes proportions qui égaliseront les chances pour toute créature humaine. Sans cette espérance, on succomberait au découragement ou l'on tomberait dans la béatitude du petit troupeau d'élus. Je préférerais cent fois le premier sentiment! Au reste je n'aurai sans doute que trop l'occasion de faire des réflexions semblables dans ce voyage *in partibus infidelium*. Mais n'est-ce pas cette poignante impression qui a donné naissance aux missions évangéliques et qui a fait redire à tant de cœurs héroïques ce mot du plus puissant des missionnaires : « Malheur à moi si je n'évangélise ! » Ici même, à bord de notre bateau, un prêtre se rend dans les Indes! Je lui souhaite courage et succès. Il nous rappelle cet admirable génie du christianisme, qui est le génie même de la charité et qui fait surgir la consolation et le secours en face de chaque infortune.

La mer est magnifique. Nous avons passé ce matin entre les montagnes encore neigeuses de la Corse et les côtes dentelées de la Sardaigne.

C'était un spectacle magique. Je suis heureux de penser combien de fois ce voyage me ramènera au bord de la Méditerranée. Si seulement elle voulait bien demeurer telle qu'elle se présente à nous à cette heure, et ne plus blanchir comme hier et cette nuit? Ces brusques changements intercalent de tristes épisodes dans la poésie du voyage, et, comme dans les mauvais romans, l'épisode finit par tout emporter. Voici de nouveau le roulis; gare à l'épisode!

Jeudi 3 mars.

Mer calme. Plus de malaise. Hier la journée a été ravissante. C'était la fête du printemps sur les eaux qui scintillaient sous la lumière légère du ciel italien. Nous avons longé la Sicile. Il y a eu un moment où nous avons été entourés comme d'un large amphithéâtre d'îles; d'un côté, les îles Lipari, les fameux antres d'Eole qui ne nous envoient qu'une brise attiédie; de l'autre, le Stromboli; dans le lointain, la Sicile aux côtes gracieuses. Nous avons eu longtemps sous les yeux une montagne couverte de neiges éblouissantes, tranchant sur l'azur de la Méditerranée. Enfin, l'Etna se dresse devant nous grandiose, mais voilé de nuages. Cette après-midi a été une vraie féerie du Midi. Rien de plus beau n'est imaginable, si ce n'est la fin d'un tel jour, quand la nuit transparente enveloppe de sa majesté sereine toutes ces merveilles de la terre et des flots.

Messine nous apparaît couronnée de feu, vers sept heures du soir. — De petites barques promènent une errante clarté sur la mer et mettent la vie dans le paysage. Mais comment détourner ses yeux de ce pavillon bleu sombre, constellé d'étoiles, qui s'étend sur nous? Comme tout, dans ce doux infini, parle de miséricorde, et comme on comprend bien que « par delà tous ces cieux » règne l'amour éternel et immense.

Aujourd'hui nous n'avons plus de côtes à contempler; nous sommes enfermés entre la mer et le ciel. Le jour se passe très bien en lectures, en causeries. Je vis d'avance en Palestine, grâce à mes livres. Nos deux nouveaux compagnons nous ont rejoints hier soir. Nous voici donc au complet[1]. Nos plans se sont modifiés. Nous irons directement de Jaffa à Jérusalem, pour arriver avant les fêtes.

Samedi 5 mars.

Nous voguons vraiment sous le sourire de Dieu. Au sortir de la vie tourbillonnante de Paris, c'est un charme que j'ignorais de se sentir vivre en *lazzarone* sous le soleil, de pouvoir lire, penser à son aise et suivre sans scrupule dans l'air doré la fumée de sa cigarette, plongé dans ce *farniente* rêveur qui est bien loin d'être une oisiveté stagnante ! Aussi donnerai-je cette recette à tous mes amis. Etes-vous fatigué, surexcité, surmené, avez-vous fait des conférences, des articles, lancé un gros livre sur la Révolution française avant de partir, prenez un bateau des messageries et voguez sur la Mé-

[1] Mes chers compagnons de voyage étaient MM. Léon Paul, Georges André et William Monod.

diterranée. Il est vrai que ma recette dépend d'un coup de vent et que mardi je l'eusse trouvée mauvaise. Il est vrai aussi que le coup de vent ne vient pas seulement de l'atmosphère du dehors, mais aussi de celle du dedans plus mobile encore, et que lorsque la pensée revient avec obstination vers un certain milieu trop cher au cœur, adieu le *farniente*, le rêve, le repos... Enfin, ne nous plaignons pas; la traversée surpasse toute espérance. Ce matin les voiles se multiplient; cela prouve que la terre d'Afrique n'est pas bien éloignée. On m'a assuré hier que je voyais l'île de Candie dans la brume; j'ai vu la brume et j'ai cru ce qu'il m'était agréable de croire.

Nos Arabes continuent leurs misérables momeries, drapés dans leurs sacs. La brise fait bien de ne pas passer sur eux quand elle nous visite. Ils ont beau faire, ils ne sont pas ridicules, et je connais tel passager des premières qui, tout de noir habillé, prête plus à rire que ces Bédouins auxquels il montre tant de mépris. Témoin cette espèce de commis voyageur, à la face ignoble, à la voix retentissante, qui a roulé sur toutes les grandes routes de la terre et des mers et qui nous assourdit de son impitoyable parlage, égayé des mauvais lazzis récoltés dans le vieux et dans le nouveau monde. Il a trouvé bon l'autre jour de démontrer à grand fracas que le commerce était le vol autorisé, ce qui était fort modeste de la part d'un homme du métier, mais ce qui lui a attiré une verte réplique d'un commerçant honnête homme. Depuis ce haut fait son feu est à peu près éteint. Que dire de ce héros italien, de ce compatriote de Garibaldi qui, souffrant d'un abcès aux gencives, s'est évanoui littéralement à la simple vue de l'instrument secourable destiné à faire l'incision. En voilà un qui fera bien de se rattraper sur le courage civil !

Là-bas, au haut de la table, une dame anglaise écrit son journal de voyage avec son guide, ce qui me paraît faire décidément double emploi. Que penser, enfin, de ce gentilhomme, ex-élève du père Loriquet, qui me demandait hier soir si Louis XIV ne s'était pas signalé par sa tolérance envers les protestants, et me faisait part de la satisfaction intime avec laquelle il avait vu les misérables musulmans entassés sur notre bord conspués de toute manière, en compensation des outrages dont leurs pères avaient abreuvé ses ancètres aux croisades. J'aime mieux, — ô dépravation de mon goût! — considérer cet Arabe à barbe blanche, digne et fier sous ses haillons, que d'écouter ces sottises en bon langage. Je crois même que j'aime mieux caresser ces deux beaux chiens du Saint-Bernard. J'aime mieux surtout voir trembler l'étoile dans ce ciel de velours bleu et sur les vagues assoupies !

Dimanche 6 mars. Alexandrie.

Hier, la journée s'est terminée d'une façon assez bizarre sur le bateau. Au dessert une formidable discussion religieuse s'est engagée entre un grec et un latin, sur l'antiquité respective de leurs cultes. Ne pouvant parvenir à s'entendre malgré la force de leurs poumons, ils ont transformé le débat en pari, convenant que celui qui serait vaincu dans la controverse payerait le champagne à sa tablée. Cet expédient n'a pas réussi à éclaircir la discussion. Cependant on doit reconnaître qu'elle a été *vidée*, car le champagne a été bu et payé de compte à demi par les deux champions des deux grandes Eglises orthodoxes. Il m'a été impossible de faire surgir quelque pensée sérieuse de cette discussion absurde et comique. La question n'a pas pu un instant franchir le goulot de la bouteille de champagne où elle est restée engagée.

La mer nous a été propice jusqu'au bout, et c'est sous un souffle de printemps que nous sommes arrivés, ce matin, à Alexandrie. Vers huit heures le rivage nous est apparu, fort bas, à ras de mer en quelque sorte; ce n'était qu'une ligne blanche derrière une forêt de vaisseaux et une rangée d'arbres clair-semés, mais quelle teinte que celle de ce soleil du matin sur la terre d'Egypte! Le paysage d'en haut a autant de charme pour le voyageur que celui d'en bas; la lumière a une infinie variété selon les zones qu'elle traverse. Ce qui me frappe, c'est que plus on descend vers le midi, plus elle devient légère; la pourpre céleste allége, vaporise de plus en plus son tissu au lieu de le foncer comme on pourrait le croire d'avance; c'est un souffle rosé ou azuré qui glisse sur les objets et les dessine à l'œil avec une incomparable netteté. Rien ne peut rendre le charme de ce fluide subtil et brillant dans lequel nageait ce matin l'antique cité des Ptolémées. Elle se présente comme un amphithéâtre s'étageant à une très faible élévation derrière son port peuplé de voiliers et de vapeurs. Pour qui débarque droit de l'Occident comme nous, l'aspect de la vieille ville que l'on voit tout d'abord a la magie de la nouveauté. Quelque assourdi que l'on soit par les fellahs, qui vous jettent leurs offres bruyantes dans les oreilles et leurs ânes dans les jambes, on leur sait gré d'être ce qu'ils sont, c'est-à-dire de présenter un type vraiment égyptien. Il y a là des statues connues qui semblent s'animer sous les yeux. Puis, voici qu'à peine débarqués, nous rencontrons une file de chameaux chargés qui nous apportent une émanation du désert. Tout fait spectacle dans la vieille ville orientale, fort différente de la partie européenne d'Alexandrie. Voici bien la boutique telle qu'on me l'a décrite, misérable en apparence, recélant peut-être des trésors sur lesquels veille, ou plutôt dort, ce vieux marchand accroupi, fumant son chibouk. Voici la rue haute, sale, où l'on n'a songé qu'à épaissir l'ombre en rapprochant les maisons, la rue des pays de soleil, toute grouillante de petits Egyptiens avec leurs ânes, traversée par le Turc majestueux qui coudoie le Grec ou le Levantin. Ici est le minaret élancé d'une mosquée assez médiocre. Les chameaux reparaissent, balançant mélancoliquement leur cou. Probablement, tout cela me paraîtrait fort peu remarquable si je revenais d'Orient, mais que voulez-vous? ce sont les primeurs d'une vie nouvelle. Je ne demande pas davantage aujourd'hui. Nous allons dans un instant visiter de plus près les rares curiosités d'Alexandrie.

Ce nom seul a sur moi un effet souverain. Il n'est pas de cité que j'aie plus visitée en esprit. Je me représente la splendide Alexandrie de l'Empire romain, celle qui supplanta Athènes comme centre de la haute culture, quand à l'inspiration créatrice, inséparable de la vie libre des républiques de la Grèce, succéda l'élaboration philosophique des idées. Nul mouvement intellectuel, dans l'ancien monde, n'égala en savoir et en ardeur celui du *Serapeum* et du Musée. Ici s'allumèrent ces vastes creusets où l'on essaya de tirer la religion et la philosophie définitive de tous les débris du passé. C'est ici que l'armée du paganisme en déroute essaya de se rallier et de se reformer, en réunissant sur ce point toutes ses ressources. — Quel éclat devait avoir la vie intellectuelle sous ce beau ciel, dans cette ville de palais, où les plus splendides étaient voués à la science et aux lettres ! Quelle émulation devait exciter ce concours de tous les maîtres illustres ! J'aime surtout à me représenter la noble Eglise que saint Marc fonda en ces mêmes lieux, cette Eglise si fidèle aux traditions du christianisme primitif, ainsi que le démontre son antique constitution retrouvée récemment en copte, cette Eglise si libérale dans ses institutions, si longtemps étrangère au monarchisme épiscopal, et unissant dans son culte la spiritualité des premiers temps à cette poésie mystique pleine de grandeur, qui pénètre les fragments conservés de sa liturgie. Mais il est pour moi un souvenir qui efface tous les autres. Alexandrie est la ville où enseignèrent Clément et Origène et où fut tenté l'essai grandiose de concilier le christianisme avec la haute culture. S'il est un maître aux pieds duquel j'eusse aimé à m'asseoir, c'est bien ce jeune et généreux ascète avec lequel j'ai tant vécu et dont j'ai essayé d'évoquer l'image. Je me le représente pâle de sa veille studieuse et de ses macérations outrées, qui se ressentaient du milieu oriental où il vivait et qui furent comme les excès de sa jeunesse. Je me le représente ralliant autour de lui dans une maison écartée un cercle de disciples avides venus pour l'entendre des divers points du monde, et leur développant ses larges vues sur l'amour divin. Il sait qu'à son premier pas hors de la maison il peut rencontrer le centurion qui l'arrêtera. N'importe ! il sort hardiment et va jusque sur le seuil de l'arène donner le dernier baiser au chrétien qui va mourir, impatient — trop impatient peut-être — de le suivre et faisant le plus grand des sacrifices en ne descendant pas avec lui dans l'enceinte fatale. — Je me le représente plus tard, à son retour de Rome, quand sa grande âme est attristée de l'ère nouvelle qu'il a vu poindre dans l'Eglise. — Puis, enfin, je le vois quand, frappé par un injuste arrêt, il prend avec tristesse le chemin de l'exil, sans se rétracter, mais sans s'irriter, — ne courbant pas la tête sous l'injustice, mais pardonnant à son juge inique, — pour porter ailleurs ce flambeau de la lumière si pure et si vive qui a été la meilleure gloire de sa patrie. Voilà ce que me dit ce grand nom d'Alexandrie, et voilà ce que j'entrevois comme un mirage du passé, plus beau que tous ceux qui montent du sable échauffé du désert. Que m'importe qu'il n'y ait plus devant moi qu'un entrepôt de commerce ! Le nom seul de la fameuse cité suffit pour substituer à cette vue mesquine l'image grandiose et poétique de la cité antique. Après tout, c'est entre ces flots et ce ciel que vécurent ces représentants incomparables du paganisme et du christianisme dans la lutte suprême des deux religions ; ils ont respiré cet air ; leur ombre plane sur ce sol brûlé du même soleil qui les a réjouis comme il me réjouit aujourd'hui. Et cependant il n'en faut pas moins descendre de ces hauteurs de la science pour enfourcher mon âne et parcourir les rues misérables de ce qui fut l'Alexandrie de Plotin et d'Origène !

Dimanche soir.

Nous sommes revenus ravis des bêtes, des gens, des localités. Des monuments que nous avons vus, je ne dirai rien, car ils sont sans importance. La colonne de Pompée ne se rattache pas plus à Pompée que l'aiguille de Cléopâtre à la royale courtisane. Il fallait bien accrocher quelque part à Alexandrie ces deux grands noms. Nous avons été infiniment plus charmés des misérables masures qui entourent la colonne de Pompée et qui nous ont offert la fidèle image d'un village arabe avec ses maisons de terre où s'entassent bêtes et gens, dans un pêle-mêle hideux. Mais ce qui nous a par-dessus tout ravis, c'est la promenade qui fait le tour d'Alexandrie avec ses palmiers et sa végétation orientale, c'est le canal du Nil avec ses barques d'où sortaient des Turcs de toute condition et de tous costumes, en turban, en cafetan vert. L'animation de la route était fort grande par ce beau temps tempéré par une brise assez fraîche; à chaque pas nous rencontrions des Arabes, des Egyptiens, des Bédouins conduisant des files de chameaux, puis de brillants équipages devancés par l'inévitable coureur, — « celui qui marche en avant pour préparer la voie, » — ce qui ramène à sa vivante familiarité la belle image du précurseur, par laquelle s'ouvre l'Evangile. Nous avons visité le marché égyptien; la populace s'y pressait et circulait de boutique en boutique; on eût dit une foire permanente. Les marchands contrastaient par leur calme avec l'animation des chalands. Cela aussi était une page de l'Orient vivement et pittoresquement illustrée. Avant de rentrer, nous avons été saluer le soleil couchant au bord de la mer et admirer son brûlant adieu à cette terre, qui lui appartient en propre. Pas un de ses rayons ne se perd sur ces arbres au feuillage si touffu, sur ces édifices d'une blancheur immaculée et sur ces murs rougis où l'on dirait que sa lumière s'est comme fixée. Les minarets s'élancent avec grâce dans cette atmosphère rosée. A demain le Caire et ses merveilles !

Lundi soir, 7 mars.

Ma première impression sur le Caire est aussi vive que confuse. Nous avons aujourd'hui parcouru la ville dans une de ces courses errantes qui sont aussi nécessaires en voyage que la marche méthodique. Aussi mille images pittoresques se pressent ce soir dans mon esprit et s'y reflètent avec la chaude coloration qui revêt toute chose dans ce royaume de la lumière. Je ne vais point chercher à mettre de l'ordre dans mon récit; c'est ce pêle-mêle bariolé que je vais jeter sur cette page de mon journal. Ce matin, départ d'Alexandrie plein d'entrain; l'animation est extraordinaire autour du railway. Anes, chameaux et carrosses se croisent et se bousculent sur les piétons. L'aspect du chemin de fer est tumultueux; on se rend en foule au Caire pour assister à la fête qui coïncide avec la clôture du Ramazan. Quand on est accoutumé à la monotonie si commode, mais si ennuyeuse de nos vêtements européens, on est ébloui de cette variété de costumes et aussi de la diversité des types humains qu'ils accusent; on a toute la gamme des couleurs dans la peau comme dans le vêtement: depuis le Nubien d'ébène jusqu'à l'Egyptien couleur de suie, depuis le burnous en loques du Bédouin jusqu'au brillant costume du riche propriétaire. Nous partons à neuf heures, parfaitement installés; nous sommes peu incommodés de la chaleur. On traverse d'abord des plaines immenses revêtues du vert le plus éclatant, semées de palmiers et animées par ces singuliers villages arabes dont les maisons ont l'air d'être formées de boue chauffée au soleil; la plus misérable population circule devant ces masures et forme un contraste étrange avec notre mode de locomotion, qui nous reporte à ce que la civilisation a de plus avancé. Après trois heures de marche, nous arrivons au fleuve sacré, à ce Nil, le vrai dieu du pays, qui lui a imprimé son caractère physique et presque son caractère religieux, puisqu'on peut bien attribuer en partie à l'inflexible périodicité de sa crue et de son débordement l'immutabilité étrange de l'antique Egypte. Pour nous aussi c'est le fleuve sacré qui porta dans un berceau de jonc les destinées du peuple hébreu. Son eau est d'un beau bleu et coule entre des savanes vertes. Il suffit de quelques minarets et d'un bouquet de palmiers pour que sur l'azur profond le vrai paysage d'Orient se dessine ou, pour mieux dire, se découpe à nos regards. Depuis le moment où nous avons aperçu le Nil jusqu'au Caire, nous traversons le Delta, cette Beauce de l'ancien monde dont les plaines fertiles s'étendent à perte de vue. Patience! voici la ville aux cent minarets, voici l'Orient, non pas stagnant et mort, mais vivant, varié, splendide, l'Orient non de la Genèse, mais des *Mille et une nuits*, voici le Caire! Nous y entrons triomphalement au trot de nos baudets, ce qui n'empêche pas le mien de rouler sur le chemin et de m'y faire faire une fort piteuse mine, au milieu d'une cohue impossible de voitures lancées au galop, de chameaux marchant leur pas de sénateur et de toute espèce de véhicules.

Je ne connais pas d'abords plus animés, plus gais que ceux du Caire. On suit une longue avenue d'arbres au feuillage varié, qui traverse presque toute la ville et lui donne l'aspect le plus frais. Les maisons, toutes à l'orientale, couronnées de belles terrasses, tendent toujours plus à se rapprocher, et on rencontre à chaque détour de rue une mosquée. Souvent aussi la rue se transforme en galerie couverte : la grande rue marchande, le Muskir, forme un immense bazar où se débitent toutes les denrées et toutes les marchandises imaginables. Les changeurs, assis sur le seuil des principales boutiques, font sonner leur argent en guise de réclame. Le marchand d'eau et celui de fèves cuites débitent leurs denrées en poussant des cris aigus. Nulle part je n'ai vu un mouvement comparable, si bien ordonné dans une apparente confusion. Devant la plupart des magasins stationne un groupe de toute provenance : Bédouins au manteau rayé, Juifs en turban noir ; Turc, à l'air grave, enfermant son gros corps dans un fin tissu, et écrasant de son poids un baudet caparaçonné ; femmes en blanc de la tête aux pieds, semblables à des nonnes ; rien n'y manque. Les chameaux abondent, balançant fortement leurs conducteurs ; les montures élégantes, ânes ou chevaux à housse cramoisie trottent ou galopent au travers de la multitude, tandis qu'un bizarre carrosse lancé à fond de train traverse sans encombre l'étourdissante cohue. Nous avons retrouvé, dans une rue latérale infiniment plus étroite, le même tourbillon, les mêmes voitures. Les cafés sont remplis de fumeurs qui boivent leur coquille de noix. Près de l'un de ces cafés, qui sert de théâtre à un prestidigitateur, un nègre ouvre des yeux immenses devant une fantastique image représentant un homme envoyé vivant au ciel par un coup de canon. Cette ascension d'un nouveau genre le pénètre d'enthousiasme. On ne peut donner l'idée de cette mêlée incessante de toutes les races, de tous les costumes, de toutes les activités sous ce ciel de feu. Un instant nous nous sommes enfoncés dans un quartier entièrement musulman, composé de ruelles où l'on se donnerait la main d'une maison à l'autre; les maisons, rongées d'une lèpre de saleté, ne manquent pas de style. C'était l'heure de la prière; on nous regardait d'un mauvais œil; aussi, quand un chien, notre frère en ces lieux — puisque les chrétiens portent ici le nom de sa race — nous a montré les dents, nous avons compris que nous étions décidément de trop et nous avons battu en retraite.

Mardi 8 mars.

Notre matinée a été parfaitement employée. Nous sommes allés à Héliopolis. De cette vaste cité où s'élevait le temple du Soleil avec sa longue avenue de sphinx et son portique d'obélisques, il ne reste qu'un seul obélisque, dont la base est assez profondément engagée dans le sol. Ce n'est qu'un grand souvenir rattaché à une ruine médiocre, mais néanmoins éloquente. Ici habitait le grand prêtre du soleil, dont Moïse épousa la fille, et les yeux du libérateur des Hébreux, comme ceux de Joseph et de Jacob avant lui, se sont reposés sur cet horizon. La route est particulièrement agréable; elle traverse de longs faubourgs où s'agite une petite vie commerciale et industrielle qui nous a semblé fort active et ne ressemble point au *farniente* napolitain sous l'ancien régime. La route, au sortir de la ville, traverse d'abord une plaine aride et brûlée, d'où l'on voit le Caire tout entier; puis elle se glisse en quelque sorte sous de frais oliviers et passe au travers de plusieurs villages où tout fait tableau, animaux et gens. On emporte dans son souvenir une multitude de croquis de la vie orientale, et nous ne sommes pas encore blasés. Non loin d'Héliopolis, on rencontre un beau sycomore, où la tradition fait reposer Joseph, Marie et l'enfant Jésus. Au retour, nous parcourons le bazar arabe et le bazar turc, et nous y faisons quelques emplettes. On ferait des folies en ce genre pour le plaisir de contempler de près ces beaux marchands, silencieux et calmes, et qui n'en surfont pas moins leurs prix comme de simples marchands de bric-à-brac. L'animation du bazar surpasse toute description.

Mercredi matin 9 mars.

Le plus beau point de vue du Caire est celui que l'on a de la citadelle. Nous y sommes montés un peu avant le coucher du soleil. Je ne parle que pour mémoire du puits de Joseph qui a été creusé par le fameux Saladin. Nous ne nous arrêtons pas non plus longtemps dans la grande mosquée de Méhémet-Ali, très ornée, très riche, arrondissant sur nos têtes une série de coupoles élégantes que couronne un dôme grandiose. J'ai peine à saisir le caractère religieux de la mosquée. On n'y retrouve pas ce puissant élan imprimé aux pierres des cathédrales, qui semble soulever de terre cette masse énorme et la pénétrer d'une aspiration ardente et mystérieuse vers le ciel. On n'y trouve pas davantage la grandeur terrestre l'ampleur de la basilique romaine. C'est un mélange bâtard du harem et du temple, où le grêle minaret représente seul la pensée de l'infini; il est là comme le souvenir ou le débris des deux grands cultes monothéistes dont l'islamisme est la dégradation. Quel spectacle immense et saisissant que celui dont nous avons joui du haut de la fameuse terrasse où Méhémet-Ali fit assassiner ses janissaires! Derrière nous, un peu de côté, la ville entière avec ses constructions originales, ses minarets, ses places, son éclat, sa brillante activité; à nos pieds les tombeaux dits de Mamelouks, mausolées arrondis qui coupent la plaine et sont pleins de caractère; devant nous, à l'extrémité de l'horizon, deux pyramides perdues dans un fond rouge qui indique le désert; plus près, sur la ligne brûlante des sables, les pyramides de Sakkarah; plus près encore, celles de Gisèh dégageant leur faîte d'un nuage d'or, comme les hautes Alpes par un soir resplendis-

5

sant. Non loin d'elles le Nil dessine une bordure d'argent au milieu des plaines vertes qu'il arrose. Sur ce sublime paysage la pourpre du couchant s'étend de plus en plus en lui faisant rendre toute sa beauté, toute sa grandeur. Voici bien l'antique Egypte, non plus telle qu'une momie dans nos musées, mais telle que la virent Joseph et Moïse. La voilà dans sa majesté grave, avec sa verte ceinture, son ciel d'un bleu inaltérable; la voilà avec son fleuve et son désert, qui opposaient la vie à la mort dans un perpétuel contraste incessamment reproduit par ses mythes préférés. Le *cicerone* qui nous montre toutes ces merveilles a l'air de se moquer de nous et sur ses lèvres voltige un ironique sourire. Je ne crois pas cependant devoir payer ce sourire au prix auquel mon drôle l'estime, et je dois m'arracher de ses mains presque avec violence.

A sept heures du soir un coup de canon annonce que le ramazan a pris fin. C'est le commencement d'une fête générale qui est une traduction orientale de notre jour de l'an. Nous consacrons la matinée de mercredi à parcourir les rues de la ville. L'animation y a redoublé. Tous les fonctionnaires se rendent au palais du vice-roi en grande cérémonie et en brillant uniforme. Les uns en voiture, — les autres à âne, ce qui est peu imposant pour un officier à grosses épaulettes. Les hommes et les femmes sortent des mosquées, des branches de palmier à la main; l'effet est gracieux et charmant. C'est un jour d'effusion et d'amitié; beaucoup de jeunes gens se promènent en se tenant la main d'une façon tout à fait cordiale. On s'embrasse en pleine rue; les saluts affectueux se multiplient à l'infini. Partout s'apprête le festin hospitalier; les habitants des campagnes affluent dans la ville et mêlent leur costume pittoresque à ceux que nous connaissons déjà. Les cafés sont remplis de graves fumeurs de chiboucks, assis les jambes croisées. Deux carrosses à quatre chevaux ramènent des dames voilées : c'est le harem du vice-roi qui rentre dans son sanctuaire. On conduit un mort en terre ; les porteurs chantent une mélopée criarde dont le refrain est une supplique à Allah et au prophète, et je reconnais parmi les officiants mon moqueur de la veille qui me paraît manquer décidément de vocation. Sous le cercueil porté à bras d'homme on voit souvent des enfants, probablement ceux du défunt. Il est suivi par des pleureuses qui interrompent les lamentations par un petit cri aigre et tremblotant du plus singulier effet. Pour nous reposer de tout ce brillant tapage d'une ville orientale en fête, nous allons à Choubra voir coucher le soleil sur le Nil et les pyramides. Nous ne nous lassons pas de cette fête de la lumière et surtout de son lent et languissant adieu aux eaux limpides et à l'horizon rosé. Nous entrons après dîner dans une salle dite de concert où une troupe médiocre écorche les principales scènes de cinq ou six opéras. Les entr'actes sont d'une longueur effrayante, car les costumes sont peu nombreux, et le gros baryton doit à toute force entrer dans le corsage de velours du beau page qui n'est que le *contralto* déguisé. Et puis il y a une autre raison à ces retards. Nous découvrons que dans la salle à côté on joue à la rouge et à la noire ; il faut bien que ces honnêtes croupiers aient un peu de loisir pour faire leurs affaires. Nous sortons avec joie de ce vilain lieu où un art misérable sert d'affiche à un brelan.

Si je ne me trompe, le séjour de l'Egypte doit être assez dangereux pour les Européens intelligents et avides d'argent. Ils ont à exploiter un pays riche qui a envie de grandir et de se civiliser, mais sans moralité, sans droit reconnu, plié au régime turc; l'exploitation d'une race qui sent son infériorité, tout en étant ambitieuse, est sans doute très facile. Il y a là des coups de filet magnifiques à faire, des spéculations ébouriffantes à tenter; mais ces coups de filet coûtent cher parfois à ceux qui les font et ils n'en ressortent pas toujours avec la considération nécessaire pour la partie occidentale de leur carrière, quand ils ont la prétention de revenir briller en Europe. Il m'est impossible d'oublier un instant dans les pays que je traverse l'homme lui-même, sa condition civile et religieuse. Aussi ai-je le cœur serré en voyant sous quelle malédiction une religion sensuelle retient ce peuple bienveillant, actif, intelligent. Que ne deviendrait-il pas avec les croyances qui apaisent et vivifient, et qui en ouvrant le ciel à l'homme, lui rendent véritablement la terre et en font le domaine d'une activité morale et féconde. Le mal se dresse devant nous comme une haute montagne qu'on ne saurait abaisser. Et pourtant ces contrées furent jadis l'un des foyers du christianisme naissant. Il n'y a donc ici aucune fatalité de race et de climat.

Vendredi soir 11 mars.

Nous avons fait la grande, l'incomparable course des Pyramides; nous sommes roués et ravis, car nous avons pénétré au cœur des sanctuaires funéraires de l'antique Egypte. Nous avons comme respiré son âme sous ces voûtes sombres et majestueuses. Et d'abord, vive l'âne égyptien! c'est la foudre, c'est l'éclair, c'est le galop permanent. Nous avons fait en deux jours au travers des sables plus de dix-huit lieues. Je ne comprends pas comment les pauvres bêtes y tiennent et comment nos petits âniers, vifs et gais tout le long du chemin, ne tombent pas vingt fois sur la route brûlante. Le fait est que bêtes et gens ont suffi à cette énorme traite et que nous sommes rentrés au Caire à grand fracas, traversant d'un pas rapide le bazar encombré, et recueillant plus d'un juron arabe de la part de ceux que nous heurtions.

Nous sommes donc partis hier matin, à la fraîcheur, sous des brumes bientôt dissipées. Une belle avenue de sycomores nous a conduits au vieux Caire où nous avons passé le fleuve. C'est un grand moment que celui où pour la première fois on voit le Nil d'aussi près ; ce fleuve sacré traverse pour l'imagination des zones historiques aussi perdues, aussi ignorées que les contrées où il prend naissance ; son onde oublieuse a englouti les souvenirs d'innombrables dynasties, et, après avoir baigné Thèbes et tant d'illustres débris, se perd dans le lointain de l'espace aussi avant que dans celui du temps. Un voyageur nous racontait hier, à table d'hôte, ses voyages d'exploration pour en retrouver la source; il croit avoir atteint la tribu qui la possède dans son territoire. Il nous décrivait la violence tropicale de la nature africaine sur ces bords; la végétation y a un jet désordonné, et l'hippopotame et l'éléphant disparaissent dans d'immenses roseaux. Ce mystère ajoute à la poésie du Nil, alors que nous le contemplons dans la fraîcheur et le calme d'un beau matin de printemps. Du Nil aux pyramides de Gisèh, que nous n'atteignons qu'après un formidable détour, la route suit de petits bois de palmiers coupés de villages arabes et de prairies embaumées où paît un nombreux bétail, moutons, ânes et chameaux. Au milieu d'une lande de sable qui inaugure le désert, se dresse un sphinx gigantesque à moitié enfoui dans le sol, au pied de la grande pyramide; une seconde pyramide presque aussi haute s'élève à ses côtés, tandis que deux ou trois autres, à peine sorties de terre, rampent près d'elle. Voilà donc le premier monument connu de l'art humain, et ce monument est un tombeau colossal ! Otfried Müller rappelle dans son histoire de l'art que le premier mot de la poésie grecque fut un *hélas!* un gémissement, une plainte ouvrant un hymne de deuil ! Il convenait qu'il en fût ainsi ; l'art est né de nos infortunes. C'est un essai de les consacrer ou de les réparer, ou encore, dans sa forme inférieure, de les faire oublier. En Egypte il se confond avec la religion ; il est sacerdotal, hiératique, serviteur du temple, lié par les procédés traditionnels comme par des bandelettes sacrées ; aussi manque-t-il de variété, de vie ; il est essentiellement funéraire au bord du Nil, et son plus grand effort est d'élever des sépulcres immenses ; toutefois ces sépulcres ne sont pas des monuments de mort, mais d'immortalité. La notion de la vie future s'est fortement emparée de l'Egypte ; on sait le rôle qu'elle joue dans ses symboles préférés. Seulement pas plus qu'aucune religion de la nature, elle n'a vraiment conquis le pays des âmes, le pays d'au delà, le monde du divin. Sans doute le mythe d'Isis cherchant avec une tendre passion le corps d'Osiris immolé par Typhon, n'a pas longtemps signifié le simple fait du dessèchement du Nil sous le souffle brûlant du désert, et son précieux retour dans les contrées qu'il fertilise. L'histoire du fleuve est promptement devenue l'histoire symbolique de la destinée de l'homme qui ne se perd dans la mort que pour se retrouver au delà. Mais la vie de l'âme est encore étroitement liée à l'enveloppe mortelle dont elle ne saurait se séparer. Au fond, l'Egypte a cru à l'immortalité du corps. De là le soin extrême qu'elle en prend après la mort ; de là sa conservation par l'embaumement; de là la momie et la pyramide. Ce n'est pas tant l'immortalité que la durée que veut l'Egypte; arrêter le cours du temps, maintenir tout ce qui fut, même notre tente d'argile sitôt détruite, tel fut son rêve. Elle a obtenu ce qu'elle voulait; ses pyramides et ses momies défient les siècles, les générations se succèdent au pied de ses tombeaux, mais à quoi aboutit cette durée toute matérielle? L'Egypte a conservé ses morts, mais elle ne s'est ni conservée ni reproduite; elle a été promptement elle-même une momie. Semblable à la chrysalide, toute sa civilisation a abouti à se construire un tombeau et à s'y enfermer; elle a été, comme on l'a très bien dit, la Chine de l'ancien monde vouée au génie de l'immutabilité, et elle a appris à l'humanité occidentale qu'après tout l'immutabilité c'est la mort, car de toutes les dynasties de ses Pharaons il n'a pas surgi autant de noms illustres que de la moindre république de la Grèce.

Telles sont les pensées que me suggèrent les pyramides. Mais il y a quelque chose de mieux que de philosopher à leur sujet, c'est de les gravir, et c'est une grosse expédition au point de vue de la fatigue. Les Bédouins qui demeurent tout près, et qui ont l'exploitation du monument, vous empoignent de force et vous font escalader d'un train d'enfer les gradins qui ont été taillés pour des géants et non pour des Français. Je remplis cette tâche ardue à la sueur de mon front, au chant criard de mes guides basanés qui me régalent à chaque marche de ce refrain :

Buono Francese
Paicra un bon baghchisch.

Puis les malins s'extasient sur ma grande taille,—non par ironie,—mais par calcul, pour hausser d'autant leurs services et le *baghchisch* final. Enfin nous voici en haut! On a presque toute la Basse-Egypte à ses pieds : le Caire et sa citadelle, le Nil, dans le prolongement de son cours, tout le pays de la verdure; puis, en face, le désert, le vrai désert, la mer houleuse des sables avec ses dunes innombrables, l'infini d'une plaine sans limite où le rêve peut s'élancer à son aise. La descente de la pyramide manque de charme. Il vaut mieux ne pas trop regarder en bas sous peine de vertige. A peine descendus, nous sommes entourés de toute la petite tribu arabe qui nous regarde déjeuner. Pour amuser nos spectateurs, G. fait des prouesses avec son fusil, perce au plus haut des airs le bonnet d'un Bédouin et continue à se couvrir de gloire, car le matin il a tué au vol force oiseaux. Nous sommes arrivés à cet heureux moment où l'assimilation des compagnons de voyage est achevée, où chacun apporte sa part d'animation, d'agrément, d'amitié sérieuse.

Vers une heure nous repartons pour les pyramides de Sakkarah. Nous nous engageons alors dans la mer des sables. Cet aperçu du désert nous offre le plus vif intérêt. Vers cinq heures nous atteignons le plus splendide bois de palmiers qu'on puisse imaginer. Rien de royal et de triomphant comme cette avenue plantée de ces beaux arbres si élancés, si sveltes, si glorieusement couronnés et qui rappellent les plus poétiques images du Cantique des cantiques. Ce bois superbe, tout resplendissant de l'embrasement du couchant, nous conduit à une masure affreuse dans le village arabe de Sakkarah, où nous devons passer la nuit. Nous frémissons d'épouvante à la vue du sale et noir réduit où l'on veut nous confiner, il nous apparaît comme l'antre de toutes les bêtes dévorantes qui peuvent s'attaquer à la peau des humains, comme un nid inépuisable d'affreux insectes. Aussi, après avoir débattu le prix de notre gîte, — premier indice de la grande hospitalité arabe, — nous déclarons que nous nous établirons sur la terrasse de la maison, sans autre protection qu'un toit exigu. Nous nous armons de courage; nous tâchons de brider notre imagination qui *fourmille* déjà; après un souper succinct, nous nous roulons dans nos manteaux sur la natte; nous devisons gaiement en fumant le calumet de paix, puis, ô triomphe d'une longue équitation à âne ! le sommeil nous gagne. Il vaut la peine de braver les insectes chers aux Arabes, pour voir le soleil apparaître derrière les collines qui bordent le Nil, puis se lever sur les palmiers et sur le désert. Quelle splendide ouverture à ce poëme de la lumière dont nous ne nous rassasions pas ! Notre journée a été digne de ses débuts. Nous sommes entrés plus avant dans le désert pour visiter les hypogées des bœufs Apis et des Ibis, découverts par M. Mariette. Il faut bien se garder de croire que la grande solitude soit monotone ; elle a d'abord le paysage d'en haut, avec ses mille teintes, puis elle a ses collines et ses vallées ; sa sévère tristesse est pleine de grandeur. Les hypogées des Apis et des Ibis sont des souterrains divisés en niches profondes, dont chacune contient un sarcophage de granit contenant les ossements sacrés. Ce sont les catacombes de la religion égyptienne. Je me rappelais, en les parcourant, les catacombes de Rome, que je visitai il y a dix ans. Cette comparaison permet de mesurer la distance incommensurable qui sépare les religions de la nature d'une religion d'amour et de liberté. Ici les débris d'une superstition abjecte, les restes d'un animal stupide, considéré comme la plus haute image de la divinité ; là-bas, les ossements des martyrs, la noble dépouille des combattants du bien et de la vérité, le mémorial auguste des plus beaux triomphes de la liberté morale sur la force brutale. Ici des symboles bizarres pour perpétuer le culte d'un bœuf et d'un oiseau, là les plus poétiques allégories pour attester une immortelle espérance et une victoire certaine sur la souffrance et la mort. Dans les catacombes égyptiennes, toutes les précautions sont prises pour assurer la durée à ces monuments d'une honteuse idolâtrie; les sarcophages sont taillés dans le granit et les voûtes ont une indestructible solidité. Rien de pareil dans les catacombes chrétiennes; ce sont des tombes creusées hâtivement et furtivement dans une terre friable, et, cependant, la pensée qui y fut enfouie si longtemps, est plus jeune et plus vivante que jamais, tandis que le voyageur essaye en vain de comprendre l'énigme de l'hypogée, tout en sachant très bien qu'au fond de son mystère est une stupide superstition. N'importe! c'est toujours avec émotion que l'on entre en contact avec une manifestation authentique de la conscience religieuse de l'humanité; on comprend mieux que c'est d'en haut qu'a dû jaillir la lumière qui a éclairé de si affreuses ténèbres où brillaient quelques lueurs de vérité, comme de pâles clartés dans une nuit d'hiver.

Du *serapeum* de Sakkarah, nous nous sommes rendus aux ruines de Memphis, après avoir traversé de nouveau le Nil. Le fleuve était animé par des barques de pêcheurs; l'eau était transparente comme le ciel; c'était une idylle biblique. Un bois de palmiers recouvre les débris de Memphis; quelques pierres, quelques fûts de colonnes, quelques fragments de statues, voilà tout ce qui reste de cette cité des Pharaons où un petit-fils d'Abraham exerça toute la réalité du pouvoir. Dans un marais est couché un bloc colossal de pierre; nous nous approchons, les traits du visage sont distincts et pleins de majesté. Ce qui est là étendu dans l'eau dormante, c'est la statue de Sésostris, du grand conquérant; je n'ai pas vu, même à Rome, d'image plus frappante de l'effroyable caducité de la grandeur humaine. Ce bloc grandiose, avec le nom glorieux qu'il porte, fait un effet des plus imposants au sein de cette nature de printemps, qui lui jette comme en riant sa fraîche guirlande. Il n'existe pas de ruine plus pathétique. Nous revenons par des bois de palmiers magnifiques; nous traversons de gros villages où s'épanouit la gaieté d'un jour de fête, nous longeons de nouveau le Nil, puis nous le passons sur un bac trop chargé, et nous rentrons au Caire par la nécropole des califes, étonnés de trouver le désert aux portes même de cette cité brillante dont le luxe et l'animation, surtout dans les bazars que nous visitons de nouveau, reposent nos yeux brûlés par le soleil. Rentrés au gîte, nous sommes heureux d'une expédition si belle et si bien réussie. Voilà un de ces souvenirs qui sont de réelles acquisitions et qui vivifient les connaissances acquises en donnant l'intuition du passé. La nature égyptienne est un vivant musée où se conserve inaltérable l'image de l'antique Egypte.

Lundi 14 mars.

Nous voici de nouveau à Alexandrie. Après le Caire, l'ancienne capitale de l'Egypte paraît assez misérable ; l'Orient y est submergé par l'Occident. Alexandrie ne fait plus partie des féeriques *Mille et une nuits ;* c'est la mille et *deuxième nuit*, après laquelle la sultane pourrait bien être étranglée, car les beaux contes arabes sont décidément finis. Cependant il lui reste toujours la mouvante ceinture des flots et la coloration du soleil africain. Nous avons fait nos adieux au Caire hier matin ; demain nous les ferons à cette vieille terre des Pharaons qui nous laissera de beaux souvenirs. Après tout, nous avons relu une grande page de l'histoire universelle. C'est au bord du Nil que le naturalisme sensuel né en Asie s'est pénétré pour la première fois d'un souffle plus pur qui l'a quelque peu soulevé de terre.

C'est ici que la notion de l'immortalité, bien imparfaite encore, s'est dégagée des mythes qui primitivement ne roulaient que sur les révolutions de l'année et le cours des saisons. L'humanisme grec s'est retrempé à ces sources profondes; Pythagore et Platon y ont puisé leur mysticisme semi-oriental; leurs systèmes, bien des siècles après, y ont eu une sorte de résurrection ou de transfiguration qui leur a valu un retour de puissance intellectuelle aussi vaste qu'inattendu. Mais c'est surtout dans sa relation avec le peuple hébreu que l'Egypte nous offre un intérêt élevé. Là, les pères d'Israël vinrent planter leur tente pour quelques jours, étrangers et voyageurs dans ces plaines fertiles comme dans la terre de Canaan. Là, la race élue, de famille devint nation, là, elle trouva la rude école de la persécution et gémit sous le bâton des exacteurs. Là, le libérateur fut suscité. Là, éclata pour la première fois, dans la faiblesse des opprimés, cette libre et triomphante puissance de l'Esprit qui se rit de la force, du nombre, de la gloire, de la science et de tout ce qu'idolâtre le monde. L'Egypte, théâtre des pires douleurs et des plus grandes délivrances d'Israël, devint le type prophétique de douleurs infiniment plus redoutables et de délivrances infiniment plus glorieuses. L'exode des opprimés sous la conduite d'un proscrit, figura l'exode de l'âme humaine du pays de ténèbres et de condamnation. L'Egypte est, dans nos livres sacrés, la contre-partie de la terre de la promesse. Elle demeura comme une tentation et une menace pour le peuple élu, tantôt attiré vers elle pour lui demander un secours trompeur, tantôt obligé de redouter ses incursions. L'Egypte vit aussi sous ses sycomores le Sauveur du monde, alors que comme pour Moïse enfant la mort avait plané sur son berceau.

La jeune Eglise chrétienne y planta l'un de ses rejetons les plus verdoyants et les plus vigoureux, arrosé de son propre sang. Le christianisme avait presque conquis cette terre de superstition, quand le croissant vint y étendre son ombre de mort et y tuer, pour des siècles, la vie supérieure. Saint Louis ne put y laisser qu'un grand souvenir de plus, et le général Bonaparte ne vint lui demander que quelques rayons de gloire. Aujourd'hui encore, c'est le passé qu'on y cherche. Je ne veux pas médire de l'isthme de Suez et des perspectives de commerce et de civilisation qu'il ouvre à l'Egypte. Je fais toute espèce de bons vœux pour sa réussite, mais il est incontestable que, pour le moment, les débris sont plus saisissants que les constructions nouvelles.

Demain nous quitterons ces rives sur lesquelles s'étend pour nous l'ombre de tant de siècles, et dans quelques jours nous foulerons une terre plus sainte et plus désolée. O Christ, puissions-nous y retrouver vraiment la trace de tes pas, ou, ce qui vaut mieux encore, la trace de tes pleurs compatissants et de ton amour rédempteur !

Mercredi 10 mars, à bord du *La Bourdonnais*,
en route pour Jaffa.

Promenades fatigantes dans les rues d'Alexandrie, où nous sommes désennuyés par le spectacle d'une école arabe, remplie de charmants enfants à croquer, apprenant leur leçon sous la férule d'un grave magister et se balançant comme de petits chameaux; — cruel adieu aux côtes d'Afrique, par une houle insupportable; résurrection morale et physique vers le matin, grâce à une mer rendormie qui semble devoir nous déposer paisiblement sur la plage inhospitalière de Jaffa; — voilà toute l'histoire de ces deux jours. Nous avons rejoint la caravane qui se rend aux lieux saints. Je n'ai pas perdu mon temps dans nos deux traversées. J'ai lu d'excellents ouvrages sur la Palestine. Je ne range pas, par exemple, dans cette catégorie l'*Itinéraire* fort en faveur parmi les pèlerins, de monseigneur Meslin, gros livre en trois volumes, aussi dépourvu de critique que de vraie piété, où l'on trouve enguirlandées toutes les légendes sur les lieux saints avec des tirades furibondes contre les mécréants qui ne les acceptent pas bouche béante. Le crédule prélat ne tarit pas en invectives contre les missions protestantes auxquelles il prodigue les plus sottes calomnies. A l'en croire, M. Gobat, l'évêque anglican de Jérusalem, qui l'a reçu d'après son propre témoignage, avec la plus parfaite bonté, est un charlatan de religion capable des actes les plus répréhensibles. Ce bon prélat aurait dû apprendre des Arabes que ce n'est pas avec cette monnaie qu'on paye l'hospitalité. Son livre respire l'attachement le plus fanatique pour ce que j'appellerai le mauvais catholicisme, pour celui qui est intraitable et qui maudit tout ce que nous aimons, la largeur et le développement de l'esprit, la liberté, la civilisation moderne et avant toute chose le catholicisme libéral. Porter les préoccupations d'un sectaire sur cette terre où s'élève du sein de tant de ruines le commun étendard de toutes les Eglises chrétiennes, c'est tarir en soi la source des émotions les plus pures. Je m'en garderai bien ; je suis prêt à m'associer avec joie, dans ces lieux sacrés, à tous les vrais chrétiens qui adorent mon Sauveur, d'où qu'ils viennent et quelles que soient nos divergences secondaires.

L'émotion me gagne en m'approchant de ce pays tant habité par l'âme chrétienne, et j'espère retrouver l'histoire évangélique dans son cadre vivant. Mais je ne veux point me faire un programme d'impressions; je ne veux voir cette terre sainte ni au travers des émotions d'autrui, ni au travers d'idées préconçues. Je veux me livrer tout entier à la réalité. Encore quelques heures, et nous saluerons cette plage où s'est levé le soleil de nos esprits et de nos cœurs!

# LA PALESTINE

---

Jaffa, jeudi 17 mars.

La mer a été clémente jusqu'au bout. Mais quelle diabolique affaire que de débarquer à dix heures du soir dans une ville sans rade, avec un demi-clair de lune qui ne permet de savoir ni ce qu'on fait, ni ce qu'on laisse, ni ce qu'on emporte, au milieu d'un *tohu-bohu* indicible de bateliers qui se disputent votre personne, d'Arabes qui se gourment et de passagers impatients qui se précipitent sur les barques. Comment nous n'avons rien perdu de notre bagage, je l'ignore. Avec une mer simplement houleuse l'expédition serait abominable et même périlleuse, mais nous n'avons fait que glisser sur les eaux où flottait un beau sillon d'argent. La côte plonge brusquement dans la mer et l'on n'a pas même taillé un escalier pour les pauvres voyageurs, que les Arabes se jettent comme des ballots.

Jaffa parcouru la nuit, comme nous l'avons fait hier soir, présente un aspect des plus mystérieux. On dirait un vaste château fort dans les couloirs duquel on circule furtivement. Dès l'aube nous nous mettons en marche. La ville est, en effet, construite comme une forteresse; les maisons tassées sur la hauteur sont très rapprochées les unes des autres et très élevées; les rues sont des ruelles en escaliers, de vrais casse-cous. La population est entièrement syrienne; nous faisons tache au milieu des burnous et des longues robes. Nous traversons le bazar, bruyant et sale, puis le marché aux chevaux et aux bestiaux, très animé, au milieu duquel galopent des Turcs armés. Les jardins qui entourent Jaffa sont une merveille; la végétation y est d'une richesse et d'une variété incomparable. Ils sont bordés de hauts cactus entrelacés qui suffisent à la défense de la propriété, car ils ont une manière incisive d'interdire le vol. Les orangers et les citronniers plient sous leurs fruits, les amandiers balancent à la brise du matin leurs fleurs aux vives couleurs; la bleue Méditerranée encadre l'horizon. Jaffa est une sale bicoque dans un paradis, et tout nous rappelle que nous sommes dans le voisinage de cette vallée de Saaron, dont les fleurs brillantes ont comme embaumé tant de pages de nos saints livres. Notre voyage s'organise parfaitement. Demain nous chausserons les grandes bottes, nous mettrons nos pistolets à nos ceintures, nous laisserons flotter le couffiè sur nos épaules; avec nos moustaches qui pointent nous serons imposants et... horribles.

Jaffa, l'ancienne Joppe des Juifs, leur seul port important sur le littoral de la grande mer qui les effrayait plus qu'elle ne les attirait, leur fermait bien plutôt le monde qu'elle ne le leur ouvrait, par le caractère inhospitalier de la côte.

Rien ici qui ressemble à ces larges anses, à ces golfes gracieux qui abondent en Grèce et où l'eau qui pénètre facilement dans les terres vient solliciter l'homme au voyage, au commerce, à la vie du dehors. Le plant choisi de l'Eternel, qui devait être cultivé dans l'isolement avant de porter son fruit divin, demeurait ainsi dans sa sévère clôture même du côté où il semblait qu'elle dût nécessairement s'abaisser. C'est cependant Joppe qui reçut les cèdres du Liban destinés à la construction du temple. Elle était réservée à une meilleure gloire, car c'est sur ces rives abruptes que s'ouvrit pour l'Eglise primitive la porte du monde païen. On montre ici la maison où Pierre eut sa vision symbolique; on montre même la nappe couverte d'animaux purs et impurs qui descendit du ciel dans son rêve; seulement la nappe est devenue un marbre solide. La légende a beau se surcharger et se falsifier, il n'en demeure pas moins que c'est de la terrasse d'une maison semblable, en face de la même perspective, au bord des mêmes flots que l'apôtre, à peine arrivé de Lydde où il avait guéri le paralytique Enée et rendu à la vie la pieuse Tabitha, cessa d'être un Juif aux idées étroites; c'est là que le pêcheur d'hommes dut comprendre que ses filets ne seraient pas seulement jetés dans les lacs de sa patrie, mais qu'il aurait à les lancer plus loin encore sur cette vaste mer qui ouvrait l'univers à ses yeux. Quelle date dans l'histoire du christianisme primitif! L'œuvre d'élargissement commencée par Etienne et que saint Paul va poursuivre victorieusement a donc fait sur cette plage un pas décisif. Il me semble voir arriver, fatigués de la route et anxieux, les messagers du centenier Corneille. Quand ils frappent à la porte de Simon, le corroyeur, ils sont comme les représentants des meilleures aspirations du monde païen, et cette maison vulgaire vaut mieux pour eux que les sanctuaires les plus vénérés de l'Egypte et de l'Orient sur le seuil desquels tant de saints désirs et de secrets tourments sont venus avorter.

De la terrasse de notre misérable hôtel nous

avons la ville à nos pieds; les flots qui la baignent couvrent les brisants de leur écume; derrière nous, au delà du pays des Philistins, s'étend la plaine fleurie que clôt la ligne sévère des montagnes d'Ephraïm. La terre de la promesse nous apparaît vraiment en ces lieux comme le pays fertile et béni qu'attendaient les fils d'Abraham; il est paré par la main de Dieu des plus riches dons d'une nature généreuse qui triomphe de l'insouciance et de la paresse de l'homme, même de celle du Turc. Mais elle n'en triomphe pas longtemps; après quelques heures de marche nous trouverons la solitude, la désolation, les ruines entassées qui s'appellent Jérusalem. On montre encore, à Jaffa, l'endroit des murs qu'entamèrent les boulets français. Le souvenir de Napoléon est étroitement associé à cette vieille cité, mais j'avoue qu'il pâlit singulièrement pour moi devant celui des pêcheurs conquérants du monde. Le grand général, quand on le pressait de visiter au moins Jérusalem, disait qu'elle ne rentrait pas dans la ligne de ses opérations. Il m'est bien permis de penser que ses batailles ne rentrent pas dans le cercle de mes préoccupations sur ce sol des révélations.

Nous avons rencontré, pour la première fois, aux portes de la ville de malheureux lépreux — dans l'attitude suppliante où les trouva Jésus. Ainsi se multiplient sous nos yeux les traits évangéliques.

Vendredi soir 18 mars. Couvent de Ramleh, sept heures du soir.

Nous avons fait notre première journée de voyage en Palestine. Tout s'est parfaitement organisé.

On sort de Jaffa par un chemin ravissant que bordent les fameux jardins aussi odorants que resplendissants de fleurs et d'oranges. Bientôt on atteint la plaine de Saaron, la plaine des lis et des roses. On a toujours en face de soi les montagnes de Juda qui deviennent à chaque pas plus distinctes. A trois heures nous sommes entrés par un beau bois d'oliviers dans

Lydda, l'ancienne Lydde des *Actes des Apôtres*. Cette petite ville est très pittoresquement située; ses maisons arrondies et blanches sont séparées les unes des autres par de beaux palmiers. Ce mélange de pierre blanche et de végétation fait l'effet le plus charmant. Comme toujours l'intérieur de la ville est fort sale, cependant nous trouvons un asile très convenable dans la maison de douane pour fumer le narguileh et boire le café; la population nous entoure et considère nos armes avec un étonnement craintif. Nous visitons une ruine imposante. C'est l'ancienne église bâtie par les croisés. Il ne reste qu'une portion de l'enceinte circulaire et un admirable plein cintre déjà inclinant au gothique. C'est un superbe débris. Au sortir de la ville nous rencontrons toute la population rassemblée dans le cimetière, le lieu de plaisance préféré des musulmans, qui est en vérité fort gracieusement situé au milieu d'une plantation d'oliviers. Les jeunes musulmans paraissent offensés de nous voir et nous envoient un déluge d'imprécations perdues pour nous, mais non pour l'un de nos compagnons qui sait très bien l'arabe. Il lance son cheval dans cette canaille qui prend mal la chose; déjà des pierres voltigent autour de notre défenseur et nous tournons nos chevaux du côté des assaillants. L'affaire pouvait mal tourner, mais les têtes grises comprennent que tout cela finira par des coups de bâton aux insolents, et nous sortons sains et saufs de la bagarre. L'effendi de Lydda nous envoie un exprès au couvent pour nous dire que les délinquants ont reçu la bastonnade afin que nous ne nous plaignions pas au pacha de Jérusalem. Le pays entre Lydda et Ramleh est riant et boisé; il rappelle, d'une manière frappante, le pied du Jura. Nous arrivons au couvent vers six heures, nous y recevons l'hospitalité ordinaire, fort convenable, mais suffisamment rétribuée. Dans quelques heures, nous remonterons à cheval pour profiter de ce merveilleux clair de lune; aussi vais-je, en attendant, me jeter sur mon lit.

Jérusalem. Samedi soir.

Nous sommes partis de Ramleh vers minuit. C'était une de ces nuits sereines où l'on croirait entendre vibrer dans l'air attiédi l'hymne de paix des anges. La lune a disparu vers quatre heures du matin. Notre marche était silencieuse ; les cris des chacals troublaient seuls ce grand repos qui précède le lever du jour. Le soleil s'est levé derrière les montagnes d'Ephraïm. Quel éloquent symbole ! Les montagnes que nous avons traversées s'arrondissent d'abord en mamelons verdoyants couverts d'oliviers ; bientôt elles se découvrent et deviennent nues et arides. La tristesse du paysage ne fait qu'augmenter jusqu'à Jérusalem. Un vrai rempart de désolation l'entoure. Ce n'est qu'un désert montueux et pierreux. Tout d'un coup, le mont des Oliviers nous apparaît, puis la cité sainte elle-même.... Ce qu'on éprouve alors, d'autres l'ont dit admirablement. Je ne puis rien exprimer.... L'âme est surmontée par l'émotion ; elle est momentanément engourdie. Voilà donc ce grand sanctuaire de l'humanité, cet autel arrosé d'un sang divin! Est-il assez écroulé et déshonoré! Dans Jérusalem, je ne vois, je ne cherche que Jésus. Le cœur porte difficilement le poids d'un tel saisissement. Cette heure si attendue, si désirée, qui en couronne tant d'autres, qui répond à tout ce qu'il y a de grand dans la vie, vous surprend comme l'événement le plus imprévu. Voici donc ces collines qu'on s'est représentées tant de fois! Voici ce coin de terre où le Ciel s'est abaissé, où le Fils de Dieu a lutté, souffert, vaincu. Que dire! adorer et bénir Celui qui nous a donné ce jour grand parmi les jours de cette courte et misérable existence!

Nous descendons harassés de notre long voyage de nuit. Nous traversons de sales ruelles obscures, ignobles; c'est là cette Sion sur laquelle la poésie des psaumes et des prophètes a jeté pour nous le plus royal manteau. Avant la nuit, nous ressortons de notre demeure admirablement située, car nous habitons une chambre haute qui fait face au mont des Oliviers. On nous conduit à la voie Douloureuse. Est-ce bien celle que Jésus a suivie? En tout cas, elle ne pouvait être loin d'ici et c'est bien une voie sacrée: depuis des siècles elle a vu couler les pleurs des pèlerins[1]. Nous atteignons la porte dite de Saint-Etienne. Un petit enclos d'oliviers nous apparaît au delà du torrent desséché qui s'appelle le Cédron, c'est Gethsémané; plus haut voici le mont des Oliviers; derrière nous est Morija, la colline du temple. En rentrant dans la ville nous apercevons le réservoir de Béthesda. Qu'ajouter à ces noms? Comme ils ébranlent l'âme et emportent la pensée dix-huit siècles en arrière. Soudain, du haut d'une mosquée, près de nous, retentit la voix grêle de l'iman appelant les bons musul-

[1] La *via Dolorosa* commence à la porte Saint-Etienne et aboutit au nord-est du monticule du Calvaire. Le palais de Pilate est tout près du réservoir de Béthesda; aujourd'hui c'est une caserne turque. Au milieu de la rue, entre deux murs, on montre l'arcade dite de l'*Ecce-Homo*, puis l'emplacement prétendu de la flagellation, le palais d'Hérode, la chapelle qui doit indiquer le lieu où le Christ tomba accablé et où la croix fut portée par Simon de Cyrène. La voie Douloureuse compte de 820 à 850 pas.

mans à la prière. C'est la religion de Mahomet qui affirme son triomphe sur la terre de David et en face du Calvaire. Ces femmes voilées, ces Turcs à cheval, ces Bédouins en burnous, tout nous rappelle que l'islamisme est ici le maître. Cependant les juifs ont payé à prix d'or le droit de pleurer derrière un pan de mur, seul débris de leur temple, et tandis que les chrétiens prient au saint Sépulcre, la garde du pacha fait résonner ses fusils sur les dalles. Nous n'avons fait que traverser l'église du Saint-Sépulcre ; nous y avons visité l'emplacement présumé du Calvaire et celui du tombeau. Aujourd'hui, veille du dimanche des Rameaux, les pèlerins s'y pressaient. Un pauvre paysan venu du fond de la Russie nous a profondément touchés : il baisait avec transport le marbre sacré, des pleurs ruisselaient de ses yeux. Ce soir, la croix qui domine l'église est illuminée. Elle resplendit sur cette vallée de décombres comme une promesse glorieuse sur cette immense désolation. On nous a montré dans l'église du Saint-Sépulcre une pierre dont une légende ridicule fait le centre de la terre. Cette légende cacherait une grande vérité si elle signifiait simplement qu'ici a vraiment battu le cœur de l'humanité, que dans l'ordre religieux tout en est parti et y est revenu, et que ce n'est que dans cette ville, si longtemps obscure, que les pressentiments, les aspirations et les douleurs de l'âme humaine, mélangés ailleurs de tant d'éléments impurs, ont trouvé les ailes de la colombe pour monter au ciel en pressante prière et le rouvrir à une race déchue. Tous ces sentiments s'agitent tumultueusement dans le cœur qui déborde et se résument dans cette pensée : Je suis à Jérusalem !

Mercredi 23 mars.

Dès l'aube du dimanche nous étions en marche vers le mont des Oliviers. Il n'est qu'à une petite demi-heure de notre logis. On s'y rend par la voie Douloureuse et l'on visite en passant la chapelle souterraine où la tradition prétend que Marie a été ensevelie avant son assomption;

Gethsémané est au bas de la montagne. Il n'y a aucune raison plausible pour contester l'authenticité de cet emplacement. On a enfermé de murs le jardin, ce qui lui donne quelque chose de mesquin, d'autant plus qu'on y cultive des parterres de fleurs; mais les quelques oliviers séculaires qui forment un sévère enclos rendent à ce lieu sacré la majesté triste qui lui convient. C'est donc là que Jésus a fléchi sous le poids de l'angoisse et qu'il a frémi devant la coupe d'amertume! Ces rochers dépouillés ont servi d'écho à cette prière sublime qui a été comme son crucifiement intérieur! Un village arabe composé de grossières masures occupe la cime du mont des Oliviers. Pour la première fois Jérusalem nous apparaît dans son imposante et funèbre grandeur. Ce n'est plus cet amas de ruelles étroites et malpropres entre-croisées à l'infini, c'est une ruine solennelle. Nous l'embrassons tout entière d'un coup d'œil. Ce qui rend l'aspect particulièrement imposant, c'est que la ville se termine à ses murailles, sans faubourgs qui la prolongent, sans cette triste banlieue de nos villes occidentales. Elle est sur la hauteur comme une vaste citadelle, se découpant avec une netteté parfaite à l'horizon. Sa particularité est d'être bâtie sur des collines parallèles dont les deux principales se distinguent à première vue ; *Morija* et le *mont Sion* sont séparés par un vallon qui s'est exhaussé peu à peu et se distingue beaucoup moins qu'autrefois. La première de ces collines était incontestablement l'emplacement du temple ; elle est couverte aujourd'hui par les constructions qui entourent la fameuse mosquée d'Omar dont la vaste et gracieuse coupole s'arrondit avec grâce. Le mont Sion, qu'occupe le quartier juif, possède un beau couvent arménien dont l'église remonte à une date antérieure aux croisades. Le prétendu tombeau de David est à l'extrémité sud. La ville massée sur la hauteur avec ses blanches maisons à terrasses, ses nombreux minarets, la coupole de la mosquée d'Omar et la croix de l'église du Saint-Sépulcre présente un aspect des plus imposants derrière ses murailles crénelées. Le désert commence à ses portes. Deux profonds vallons l'entourent; la vallée de Josaphat, que coupe le lit desséché du Cédron, va rejoindre la vallée des enfants de Hinnom, la brûlante et affreuse géhenne des Juifs. Des milliers de pierres tumulaires jonchent les pentes qui descendent vers la vallée de Josaphat, dont une petite partie est arrosée par les eaux de la fontaine de Siloé. Au loin s'étend la ligne sombre des hautes montagnes de Moab. L'ensemble de la vue est d'une tristesse grandiose. En faisant le tour du mont des Oliviers on arrive à un point où le paysage change entièrement. Les montagnes de Moab ferment toujours l'horizon. A leur pied scintille la mer Morte, dont un affreux désert ceint les rives. On aperçoit les berges basses entre lesquelles coule le Jourdain. Du haut du minaret de la mosquée de l'Ascension on a les deux vues, et c'est certainement l'un des plus grands spectacles que la terre puisse offrir.

A peine revenus à la ville, nous passons à

maître à la mort a commencé par pleurer. Nous revenons à Jérusalem par la voie qu'il a suivie en un jour semblable, voie royale qui devait aboutir au Calvaire et au détour de laquelle il contempla la ville infidèle avec cette ardente compassion où tout son cœur se fondit.

Jeudi 24 mars.

Après ce premier aspect poétique et religieux de Jérusalem, je résumerai en peu de mots ce qui concerne son histoire et sa situation actuelle.

La citadelle des Jébusiens devenant la cité de David, sa gloire sous Salomon comme capitale d'un vaste empire, le caractère sacré qu'elle doit au temple, sa destruction au moment de l'exil de Babylone, sa reconstruction sous Néhémie et Esdras, tous ces faits sont assez connus pour qu'il suffise de les rappeler. Depuis Alexandre le Grand, qui la préserva du pillage avec une rare magnanimité, elle participe à toutes les fluctuations de la fortune politique des Juifs.

Le siége de Jérusalem par Vespasien et Titus, l'épouvantable saccagement qui en fut la suite, sa seconde destruction par Adrien lors de la révolte de Bar-Cochba, l'érection d'une cité où tout fut nouveau jusqu'au nom (*Ælia-Capitolina*), afin d'effacer les traces de la cité rebelle, ces événements, dont la portée religieuse est si considérable, sont dans toutes les mémoires. Rebâtie sous Constantin et rouverte aux chrétiens, Jérusalem fut prise par Omar, en 635, saccagée par les hordes turques en 1084; au temps des croisades elle fut le prix sanglant et disputé de cette guerre, terrible comme toutes les guerres de religion, qui dura près de trois siècles. En 1244, elle retomba sous le joug musulman. L'Egypte la reconquit deux fois, d'abord sous Saladin, puis sous Méhémet-Ali. Depuis 1841 elle a été rendue avec toute la Syrie à la domination directe du sultan. On le voit, l'histoire de Jérusalem est une histoire de sang et de ruines; la ville actuelle est bâtie sur les débris accumulés par les guerres les plus effroyables que l'histoire ait connues.

J'ai déjà indiqué sommairement sa situation. La ville occupe le point culminant des monts de Juda. Au nord, du côté de la porte de Damas, elle s'abaisse vers la plaine, tandis que des trois autres côtés elle est ceinte de profonds ravins. A l'est, la vallée de Josaphat s'étend entre la ville et le mont des Oliviers, pour rejoindre au sud, près de la fontaine de Siloé, la vallée des enfants de Hinnom, l'ancienne Géhenne; ce dernier ravin rencontre, au nord-ouest, la vallée de Gibon. — Ce triple rempart naturel contribuait non-seulement à la sûreté, mais encore à la beauté pittoresque et grandiose de l'antique Sion. Un vaste mur d'enceinte, flanqué de tours et de bastions, suit les contours de la ville; il enferme Jérusalem, et, cachant au spectateur qui la voit du dehors ses hontes intérieures, lui confère un haut degré de majesté. Il remonte au seizième siècle. Les portes principales ouvertes dans la muraille, sont : 1° au nord, la porte de Damas; 2° à l'orient, la porte Saint-

Etienne; 3° Un peu plus loin, vers le sud, la porte Dorée, très ornementée mais fermée; 4° au-dessus de la fontaine de Siloé, la porte des Barbaresques ou des Ordures; 5° vers l'angle sud-ouest, la porte de David; 6° enfin, à l'ouest, la porte de Jaffa.

On distingue dans la ville quatre quartiers principaux : 1° Le quartier des chrétiens, au nord-ouest, où sont les couvents, l'église du Saint-Sépulcre et l'église anglaise; 2° le quartier arménien, au sud-ouest, avec son beau couvent; 3° au nord-est, le quartier musulman, avec ses misérables bazars; 4° au sud-est, le quartier juif, pauvre et infect. — Près de la porte de David sont les huttes des lépreux. Au reste, la ville entière est livrée à la malpropreté et à l'incurie, rien n'y rappelle le luxe oriental; les maisons sont basses, les rues étroites, fangeuses, et la puissance établie qui y semble le mieux reconnue est celle des chiens, qui y pullulent à leur aise, y font un vacarme abominable et montrent les dents à quiconque les dérange dans leur sauvage indépendance. En dehors de la ville, près de la porte de Jaffa, la Russie a fait construire un magnifique couvent, qui est presque une ville; il n'est pas encore inauguré, mais il est déjà peuplé de moines et de pèlerins.

La population de la ville ne dépasse pas 14,000 âmes dont 5,000 musulmans et 6,000 juifs. Les chrétiens se partagent en latins, au nombre de 1,200, dépendant d'un patriarche ; en grecs, au nombre de 1,500, ayant également à leur tête un patriarche et possédant de nombreux couvents ; en arméniens, coptes, syriens et protestants de diverses dénominations. Les grandes fêtes amènent des milliers de pèlerins à Jérusalem ainsi que de nombreux soldats turcs pour maintenir l'ordre. L'aspect général de la ville est totalement changé à cette époque de l'année.

Jérusalem ne paraît pas s'être considérablement transformée depuis sa reconstruction sous Constantin. Il est bien plus difficile de se représenter sa configuration au temps de Jésus-Christ.

Tout dépend ici de l'interprétation que l'on donne au fameux passage de Josèphe sur la Jérusalem de son temps. Ce passage, qui est comme le champ clos des discussions archéologiques sur la ville sainte, est ainsi conçu : « La ville était bâtie sur deux coteaux opposés, séparés par une vallée intermédiaire dans laquelle les maisons descendaient des deux côtés. De ces deux collines, celle qui portait la ville supérieure est de beaucoup la plus élevée et la plus droite en longueur ; à cause de sa force elle fut appelée la citadelle par le roi David. L'autre colline, appelée Akra, qui porte la basse ville, est en croissant. La vallée des Tyropéens (ou des fromagers) que nous avons dit séparer la colline de la haute ville de celle de la basse ville, s'étend jusqu'à Siloom. C'est ainsi que nous nommons la source qui est douce et copieuse[1]. » L'extrémité sud du Tyropeon ne peut faire doute un seul moment ; il aboutit à la fontaine de Siloé, après avoir sé-

[1] *Bello Judaico*, V, 4, 2.

paré la colline de Morija de celle de Sion; on suit de l'œil ses dernières sinuosités. C'est sur la détermination de la partie nord de cette fameuse vallée que les dissentiments se prononcent. D'après Robinson, le Tyropeon prendrait son origine près de la porte de Jaffa où il ferait un brusque détour. Dans cette hypothèse Akra ou la basse ville serait la partie de Jérusalem comprise entre la citadelle dite de David et la porte de Damas; c'est là précisément qu'a été bâtie l'église du Saint-Sépulcre. Akra serait ainsi nettement séparée de la colline de Sion par le Tyropeon comme le porte le passage de Josèphe. La grande difficulté de cette hypothèse tient à l'impossibilité où l'on est de reconnaître la moindre trace d'une vallée près de la porte de Jaffa. Robinson répond à l'objection en disant que le Tyropeon aurait été comblé à cet endroit, et que lorsqu'on a élevé l'église protestante bâtie précisément sur cet emplacement, on a retrouvé des débris de constructions antiques enfouis à plus de dix mètres; ce qui indiquerait un exhaussement considérable du sol. D'après Schultz, Ritter et bien d'autres, l'origine du Tyropeon devrait être placée près de la porte de Damas où l'on reconnaît à l'œil nu une forte dépression. Dans cette supposition la colline d'Akra serait située au nord de Morija et couvrirait une très grande étendue qui comprendrait la grotte de Jérémie et pourrait embrasser jusqu'au tombeau dit des Rois. Chacun de ces systèmes offre d'insolubles difficultés. Pour arriver à l'évidence il faudrait soulever les monceaux de débris sur lesquels la Jérusalem actuelle a été construite.

Josèphe parle d'une troisième colline qu'il nomme Bézétha et qu'il place au nord du Temple. Tous les systèmes s'accordent sur ce point.

La question la plus intéressante de la topographie de Jérusalem se rapporte à l'église du Saint-Sépulcre; il s'agit de savoir si l'on a quelque raison de croire que le drame de la rédemption a vraiment eu son dénoûment sur l'emplacement marqué par la tradition. Après avoir parcouru le dossier de ce grand procès archéologique et m'être entretenu avec les hommes les plus compétents, je suis fort disposé à admettre, malgré Robinson, la légitimité de la tradition sur ce point. Il est certain que l'empereur Adrien avait élevé aux mêmes lieux un temple à Vénus, qui correspondait à celui qu'il avait construit en l'honneur d'Adonis à Bethléem et qui probablement réunissait les deux divinités dans un même culte. Il avait, comme on le sait, la manie de traduire en équivalents mythologiques gréco-romains les croyances religieuses des peuples étrangers. Or, le mythe asiatique d'Adonis roulant sur la mort et le retour à la vie du jeune héros, n'était pas sans analogie, pour un observateur superficiel, avec le dogme fondamental du christianisme. Quand Hélène, la mère de Constantin, se transporta à Jérusalem, le fil de la tradition n'était pas entièrement rompu. Il n'est pas dit qu'elle ait eu besoin d'un miracle pour trouver l'emplacement du Calvaire, mais seulement pour découvrir la vraie croix.

Au contraire, d'après Eusèbe, le lieu de la crucifixion était désigné d'avance par les profanations dont il avait été l'objet [1].

L'objection principale à l'opinion traditionnelle est tirée du fait que le Calvaire devait être hors des murs de Jérusalem. Or, on ne peut se dissimuler, à première vue, qu'il paraît difficile de placer l'église du Saint-Sépulcre hors de l'enceinte de la ville. Il ne s'agit évidemment pas de l'enceinte actuelle qui est moderne, mais bien du second mur qui fermait l'antique cité au temps de Jésus-Christ. La chose est tout à fait impossible si l'on identifie, comme Robinson, l'emplacement du Saint-Sépulcre avec l'Akra de Josèphe, mais nous avons vu que cette hypothèse n'était rien moins que prouvée. En outre on a retrouvé près de l'hôpital de Saint-Jean et dans la rue de Damas des blocs de pierre encastrés dans des constructions plus modernes qui ont toute l'apparence de fragmens de murs, comme j'ai

[1] Eusèbe, *Vita Constant.*, III, 50.

pu m'en convaincre. Si vraiment ces blocs de pierre ont appartenu à la seconde muraille, celle-ci aurait suivi la rue de Damas en faisant un brusque détour vers la tour d'Hippicus. Or, le tracé de murailles ainsi déterminé laisserait positivement l'emplacement du Saint-Sépulcre en dehors de l'enceinte de la ville au temps de Jésus-Christ. On objecte encore la proximité du lieu de la crucifixion de celui de la sépulture, mais le récit évangélique est favorable à cette situation respective des deux emplacements. Le Calvaire n'était pas une montagne, mais un monticule. L'escalier qui conduit de la chapelle du Saint-Sépulcre à la chapelle du Crucifiement donne à la colline du Crâne une élévation suffisante. On y retrouve le roc primitif sous les ornements prodigués par la piété chrétienne. Mais voici qui est plus décisif : le rocher reparaît à l'église du Saint-Sépulcre avec des cavités artificielles qui ont évidemment servi à des sépultures juives. On prétendait que la place ménagée dans le rocher n'était pas suffisante;

M. Stanley a répondu à cette objection de la manière la plus péremptoire en se couchant lui-même immobile dans l'une de ces cavités[1]. Remarquons enfin, avec M. Bovet, qu'il est peu probable que dans l'absence d'une tradition de quelque valeur, on eût choisi arbitrairement un emplacement qui devait soulever tant de difficultés. Rien n'était plus facile à la légende que de placer le Calvaire à distance de la ville. Il en est de ceci comme des textes contestés, en exégèse; la leçon difficile est la plus authentique. Après cela, je conviens que pour cette question, comme pour toutes celles de même nature la probabilité ne peut se transformer en certitude.

Vendredi 25 mars (vendredi saint).

Voici deux jours paisibles où nous avons pu nous pénétrer de Jérusalem. Jeudi, j'ai pris la communion à l'église allemande, heureux de

[1] Stanley, p. 458. Voir aussi toute cette discussion archéologique dans Ritter, XVI, 435.

célébrer, en un tel jour et en un tel lieu, la commémoration de la mort de mon Sauveur. Le soir, j'ai prêché dans la chapelle arabe devant une cinquantaine d'auditeurs. C'était un privilége vivement senti par moi que de raconter dans ma langue « les choses magnifiques de Dieu » dans cette cité sainte. Je suis le premier pasteur français qui l'ait visitée et y ait prêché.

Aujourd'hui nous avons fait le tour de la ville. Nous avions auparavant passé une bien belle heure au mont des Oliviers, en lisant le récit de la passion. Voilà de ces souvenirs qui s'incrustent tout vivants dans l'âme. Nous sommes entrés dans le petit enclos qui s'appelle Gethsémané. Malgré les murs vulgaires qui l'enferment, il a conservé une grave et sainte beauté, grâce aux quelques oliviers séculaires qui y étendent leurs rameaux mélancoliques. Quel champ de bataille n'est petit et mesquin à côté du théâtre d'une telle lutte ! Les pentes qui du pied du mont des Oliviers aboutissent au Cédron sont toutes couvertes de tombes juives. Sur l'uniformité de ce champ de mort on distingue trois grands monuments funéraires, dont deux contiennent des chambres sépulcrales taillées dans le roc et précédées de porches à colonnes. Ce sont les tombeaux dits de saint Jacques et de Zacharie. Le style de ces tombeaux est un mélange de l'art grec et de l'art égyptien. Le troisième monument, où la tradition place le sépulcre fastueux d'Absalon, est un monolithe cubique d'un effet imposant. Au pied même du mont Morija, dans la vallée de Josaphat, on trouve au fond d'une excavation taillée dans le roc, la fontaine dite de la Vierge; elle va se déverser dans le réservoir de Siloé par un canal souterrain dont Robinson a reconnu l'existence, car il l'a suivi en rampant. Cette eau fraîche et paisible qui coule doucement produit l'effet le plus agréable dans cet amphithéâtre de désolation et d'aridité [1]. Plus loin dans la vallée, vers le sud-est, est le puits de Job ou de Néhé-

[1] On a beaucoup discuté la question de savoir si l'eau qui aboutit au réservoir de Siloé n'aurait pas eu sa source sur le

mie, en arabe *En-Ragel*, qui marquait la limite entre les tribus de Juda et de Benjamin. Sa bâtisse quadrangulaire fait un très bel effet dans la vallée.

Cette après-midi nous avons gravi le mont de Sion, pour visiter le tombeau prétendu de David et l'antique église du couvent arménien qui est l'une des plus anciennes de la ville, car elle remonte à l'époque antérieure aux croisades et est bâtie sur le type de Sainte-Sophie. Nous avons enfin reconnu l'arche du pont qui reliait Sion à Morija et dont l'importance a été mise en lumière par Robinson. Nous nous sommes rendus ensuite au quartier des

Morija même, et si cette source ne serait pas le cours d'eau qu'Ezéchias, d'après les Chroniques, aurait amené dans la ville par un canal (2 Chron. XXXII, 30. Comp. 2 Rois XX, 20; Sirach. XLVIII, 11). Cela expliquerait le fait singulier que les assiégeants, au temps des Romains et à l'époque des Croisades, aient souffert de la soif, bien que possédant Siloé. Les assiégés auraient eu en leur possession la source première; ils pouvaient facilement l'intercepter. Tacite parle également d'une source qui aurait eu un canal souterrain : « Fons perennis, cavati sub terra montes » (*Hist.*, V, 12). C'est à cette source du temple que les prophètes faisaient fréquemment allusion (Ezéch. XLVII, 1-12; Zacharie XIII, 1-14, 18.)

Juifs, au pied de la muraille où chaque vendredi ils viennent pleurer sur leur gloire éclipsée.

La scène est vraiment pathétique, bien qu'on doive y faire la part du formalisme. Les Juifs en longues robes baisent ces murs sacrés pour eux et lisent en gémissant les plaintes sublimes de Jérémie. Les femmes, en costume blanc, mouillent de leurs larmes les pages inspirées. Toute une liturgie belle et poétique a été composée pour ce deuil national. J'en donne ici quelques fragments.

PREMIER CHŒUR.

*Le liturge.*

A cause du palais désert,

*Le peuple.*

Nous sommes assis solitaires et pleurons.

*Le liturge.*

A cause du temple détruit,
A cause des murs écroulés,
A cause de notre grandeur évanouie,
A cause des pierres précieuses (du temple)
[réduites en poudre,]

A cause de nos prêtres qui ont bronché,
A cause de nos rois qui ont méprisé Dieu,

*Le peuple.*

Nous sommes assis solitaires et pleurons.

AUTRE CHŒUR.

*Le liturge.*

Nous t'en supplions, aie pitié de Sion!

*Le peuple.*

Rassemble les enfants de Jérusalem.

*Le liturge.*

Hâte-toi! hâte-toi! libérateur de Sion.

*Le peuple.*

Parle selon le cœur de Jérusalem.

*Le liturge.*

Puissent la beauté et la majesté ceindre Sion.

*Le peuple.*

Grâce pour Jérusalem.

*Le liturge.*

Puisse Sion retrouver ses rois.

*Le peuple.*

Console ceux qui mènent deuil sur Jérusalem.

*Le liturge.*

Puissent la paix et la joie rentrer à Jérusalem.

*Le peuple.*

Puisse le rameau germer de Jérusalem.

(Il y a évidemment ici une allusion au Messie)[1].

Cette douleur des Juifs de la Terre-Sainte est bien plus poignante que celle des filles de Jérusalem suspendant leur harpe aux saules des fleuves de Babylone; c'est l'exil et le déshonneur sur le sol des pères, dans la patrie jadis glorieuse. Sur ces fronts courbés, avilis, est retombée, selon la demande impie des meurtriers du Christ, la goutte de sang rédempteur dont ses ennemis voulurent arroser leur plus lointaine descendance, et cependant pour eux aussi a coulé ce sang rédempteur. Comme on voudrait relever leurs regards abattus vers le temple éternel qui n'a pas été bâti par la main des hommes, et dont la pierre angulaire a été précisément re-

[1] Cette liturgie a été communiquée au missionnaire Wolf par un Juif. (Raumer, p. 331.)

jetée par ces malheureux descendants d'Abraham! Quels témoins de l'Evangile que ces représentants de l'antique Israël abattu plus bas que la poudre! Le doigt de Dieu a écrit sur ce pan de muraille l'arrêt dont les frappa dans leur orgueil Celui qu'ils ont rejeté! L'humble roseau qu'ils ont foulé a renversé en se relevant leur sanctuaire, leur gloire, leur félicité. Il en sera ainsi tant qu'à ces larmes touchantes, mais stériles, ils n'auront pas joint la prière pénitente, tant qu'au lieu de pleurer sur des ruines ils n'auront pas pleuré sur eux-mêmes! N'importe, cette scène a un pathétique incomparable! Combien je la trouve plus belle que celle qui se jouait le même soir au saint Sépulcre!

On sait que la fameuse église, objet de tant de guerres et de disputes, est partagée entre les diverses communions chrétiennes. Certes, si elles avaient pu oublier leurs divisions et leurs querelles autour de la croix, nous aurions là un lieu privilégié entre tous où se réaliserait la plus belle des alliances évangéliques. Mais le corps de garde turc, placé sur le seuil de l'église et dont on ne saurait méconnaître l'utilité, rappelle tristement les rivalités et les luttes des diverses fractions de la chrétienté à Jérusalem.

Il est bien difficile, quand on n'a pas un plan détaillé sous les yeux, de se représenter l'église du Saint-Sépulcre, le plus irrégulier des édifices religieux. Elle comprend, en réalité, trois églises que couronne un même clocher. Le vestibule où l'on conserve la plaque de marbre sur laquelle Joseph d'Arimathée aurait couché le cadavre de Jésus introduit dans l'église même du Saint-Sépulcre qui est couronnée d'une vaste coupole. Au centre est la chapelle des Anges, qui communique avec la grotte où l'on prétend que Jésus a été enseveli. Un escalier conduit à l'église du Calvaire. Vers l'orient et beaucoup plus bas que l'église du Saint-Sépulcre est celle de la Vraie-Croix. La façade de l'édifice, prise dans son ensemble, rappelle l'architecture ornementée du douzième siècle,

Il n'est pas possible d'énumérer toutes les chapelles qui s'ouvrent sur les trois églises et consacrent les souvenirs de la crucifixion et de la résurrection; elles appartiennent aux diverses communions. Il y a des chapelles pour les Coptes, les Syriens, les Armémiens. L'église du Calvaire est partagée entre les grecs et les latins, de même que celle du Saint-Sépulcre. Le saint Sépulcre lui-même est aux grecs. L'église de la Vraie Croix appartient aux arméniens.

Le service du vendredi saint, célébré par les latins, avait lieu dans la chapelle du Calvaire. Je ne veux pas mettre sur la même ligne toutes les parties de la cérémonie. Il faut savoir supporter de grands contrastes dans la religion comme dans la vie. Je trouve belle la coutume des latins de faire annoncer l'Evangile en sept langues à l'heure commémorative de la mort du Sauveur. Le discours allemand, prononcé par le docteur Hannberger, prêtre éminent de l'école de Dœllinger, était pénétré de spiritualité et de sérieux. Je n'en eusse pas retranché un mot; il m'a été droit au cœur. Je ne porterai pas le même jugement sur le sermon français qui était aussi médiocre de fond que de forme, y compris la tirade obligée contre la nouvelle *Vie de Jésus* et l'aplomb avec lequel l'orateur a assuré que, venant d'un pays civilisé comme la France, son témoignage avait une valeur incomparable. En tout cas, il n'avait pas appris à parler le français dans ce pays de la haute culture. Après ces deux prédications est venue la grande représentation qui avait attiré la foule. L'église offre à ce moment un aspect des plus pittoresques. Les moines, cierge en main, forment la haie; derrière eux se pressent les pèlerins, les femmes sont à l'arrière en longs voiles blancs, les soldats turcs font retentir leurs fusils sur les dalles pour rappeler qu'ils sont là pour maintenir le bon ordre; de belles têtes monastiques à longue barbe se détachent dans la pénombre; les costumes abondent et sur toute la scène descend une lumière adoucie, mystérieuse. Voilà pour le pittoresque! La parodie commence bientôt. Une poupée de cire, représentant le Christ, est attachée à une croix. A peine le sermon français est-il fini que deux capucins détachent le corps; ils enlèvent la couronne d'épines et la présentent à l'adoration de la foule; chaque clou est arraché, puis montré à l'assemblée. Quand la poupée a été complétement détachée, on l'emporte au saint Sépulcre en grande cérémonie; elle y restera jusqu'au matin de Pâques. Cette représentation grossière de la Passion choque le goût comme le cœur. Au point de vue purement théâtral l'effet est manqué; il faudrait un vrai mystère, à la façon du moyen âge, pour produire une impression quelconque. Mais, réduite à ce jeu d'enfant, cette cérémonie semble une puérile profanation, elle serait ridicule si elle n'était si triste.

Nous retrouvons portée à son point extrême dans ce rite misérable l'erreur radicale dont s'inspire tout culte, qui prétend reproduire les faits évangéliques et les renouveler en quelque mesure sous nos yeux. Les faits évangéliques étant des faits éternels, toujours vivants, actuels et efficaces aujourd'hui, comme il y a dix-huit siècles, ne doivent pas être reproduits mais simplement rappelés et symbolisés dans le culte. La tentative de les reproduire les affaiblit en donnant à supposer qu'ils ne sont pas complets et que tout n'a pas été accompli sur la croix.

Pour ma part, je suis heureux que la grande fraction de l'Eglise chrétienne à laquelle j'appartiens n'ait pas à réclamer un pouce de terre au saint Sépulcre, et qu'elle ne soit plus tentée de chercher parmi les morts Celui qui est vivant. Je dis cela sans aucun sentiment de supériorité, sympathisant avec tous les mouvements de vraie piété qui se mêlent aux superstitions que je condamne, et sachant très bien que les anges recueillent dans leurs coupes d'or plus d'une prière ignorante qu'une orgueilleuse orthodoxie ne ramasserait pas.

Samedi 26 mars.

Les prescriptions sévères qui interdisaient, il y a quelques années, la visite de la mosquée d'Omar sont facilement levées maintenant, moyennant une petite somme d'argent. Nous avons été introduits ce matin dans ce sanctuaire révéré entre tous par les musulmans, et d'un si haut intérêt pour les chrétiens, puisqu'il est construit sur l'emplacement du temple de Salomon. L'édifice principal est ce qu'on peut imaginer de plus gracieux ; précédé d'un péristyle isolé, aux colonnes sveltes et légères, l'*El-Koubbet es-Sakhrah*, ou la *Coupole du rocher*, forme un fronton circulaire surmonté d'une coupole ogivale. On y retrouve, dans les fenêtres, dans les colonnes, partout enfin, cette habileté à ouvrager la pierre, à la ciseler, à l'amincir et l'orner que l'art arabe a sans doute légué à l'art gothique. Mais le chrétien n'a d'yeux que pour le rocher qui a donné son nom au monument, et qui, après avoir été le revêtement de l'aire

prolongeaient, et à l'ombre desquels se tenait la multitude.

Le *Haram-ech-Chérif*, ou enceinte sacrée, comprend encore plusieurs édifices dignes d'admiration. L'*El-Aksa*, ou la mosquée éloignée, est une ancienne basilique chrétienne qui remonte aux empereurs bysantins. La nef principale est soutenue par six grandes colonnes de marbre portant des arcs ogivaux. Les nefs latérales ont un grand luxe d'ornementation, et la coupole est gracieuse. On montre encore une charmante chaire à prêcher, puis la fameuse porte dorée, que l'on attribue à Hérode et par laquelle Jésus-Christ aurait fait son entrée triomphale. On y retrouve le style grec, introduit en Judée vers cette époque. Du haut du balcon qui la domine, la vue s'étend sur toute la vallée de Josaphat et le mont des Oliviers. La fameuse citadelle Antonine était construite sur l'emplacement qui séparait le mont Morija de la colline Bézetha. De verts gazons plantés de beaux arbres séparent les divers édifices dont se compose l'Haram-ech-Chérif. On y rencontre partout les associations les plus étranges entre les souvenirs des saintes Ecritures et du Koran. Ici a prié Elie, là Jésus a posé son pied, plus loin l'ange Gabriel s'est entretenu avec Mahomet. Les musulmans ont même la prétention de posséder la crèche du Christ. C'est bien là ce bizarre amalgame de toutes les croyances anciennes que l'islamisme a essayé de fondre, en leur donnant pour ciment un fanatisme cruel et voluptueux. Quelques énormes monolythes, quelques pierres colossales qui paraissent remonter au temple de Salomon, nous font oublier toutes ces stupides légendes[1].

[1] On sait qu'une grande discussion, encore pendante, s'est engagée sur la date des débris anciens que l'on peut retrouver dans le *Haram-ech-Chérif*, entre M. de Saulcy, qui a une forte propension à tout rapporter à l'époque de Salomon, et M. de Vogué. Il ne nous est pas possible d'y entrer d'aucune manière. Qu'il nous suffise de renvoyer au bel ouvrage que M. de Vogué vient de publier comme résultat de son dernier voyage et de celui de M. Waddington, sous ce titre : *Le Temple de Jérusalem*. Non-seulement on y trouve une discussion approfondie des points contestés, mais encore une description de l'ancien temple à ses diverses époques, accompagnée de planches magnifiques.

Nous avons visité, cette après-midi, ce qu'on est convenu d'appeler le tombeau des Rois. Nous sommes sortis par la porte de Damas; un sentier planté d'oliviers nous a conduits aux sépultures. Elles forment une vaste nécropole composée d'une série de grottes qui tantôt s'arrondissent en petites chapelles, où étaient déposés les sarcophages, tantôt creusent leurs parois pour y recevoir les cadavres. Cette disposition m'a reporté aux catacombes de Rome, et m'a démontré une fois de plus la relation intime qui rattachait les sépultures chrétiennes aux sépultures judaïques. L'ornementation du vestibule rappelle le ciseau gréco-romain[1].

[1] Ici encore nous rencontrons une grande querelle archéologique. M. de Saulcy a voulu voir dans cette nécropole le tombeau des rois juifs. Il est difficile d'admettre son opinion. Il est certain, d'après l'Ecriture, que les rois juifs ont été ensevelis dans la cité de David (1 Rois II, 10; XI, 43. 2 Chron. XII, 12; XXXII, 33). L'ornementation du vestibule, avec sa frise élégante se concilie mal avec une époque si reculée de l'art judaïque, alors que le peuple juif était encore maintenu dans son isolement. M. de Saulcy a rapporté de son dernier voyage un sarcophage qui porte une inscription indiquant qu'une femme, princesse ou reine, avait été ensevelie en ces lieux. Le problème à résoudre consiste à déterminer la date des caractères

L'ancien couvent de Saint-Jean l'Hospitalier, annexé à un couvent de la Vierge, dont les restes sont assez bien conservés, nous a offert un contraste frappant, même à Jérusalem, de ruines imposantes et de misères rebutantes. Dans le cloître, aux fenêtres cintrées, demeure ou plutôt niche toute une misérable colonie égyptienne, qui prend des fûts de colonne pour oreillers.

Dimanche soir 27 mars.

Beau dimanche de Pâques. *Le Noli me tangere!* (Ne me touche point) me frappe comme jamais. C'est ici qu'il faudrait graver cette parole sur tous les monuments d'une piété superstitieuse. *Noli me tangere*. Ne vous attachez pas

employés. M. de Saulcy les reporte avant l'exil, et ses contradicteurs à l'époque d'Hérode. (Voir le numéro de juin 1863 des *Annales de la Philosophie chrétienne.*) Sans entrer dans un débat qui suppose une grande science philologique, je dirai seulement que je trouve très plausible l'hypothèse qui attribue ce tombeau à Hélène, reine d'Adiabène. Cette princesse, après s'être convertie au judaïsme, était venue se fixer à Jérusalem et avait fait construire, pour elle et sa famille, un tombeau magnifique à trois stades de la ville. (Josèphe, *Ant.*, XX, 4, 3.)

à la forme sensible, à l'enveloppe matérielle; cherchez le Christ invisible et éternel et ne traitez pas le Ressuscité comme une momie. Ce grand spiritualisme chrétien devrait aussi être rappelé à ces interprètes littéralistes de la prophétie qui enferment encore dans une forme judaïque le royaume du Christ. Ils attendent un rétablissement glorieux de la théocratie hébraïque dans les mêmes lieux qui l'ont vue naître; il ne leur suffit pas que, par un retour sincère à la foi, les Juifs fassent tomber la malédiction qui n'est perpétuée que par leur obstination. Si de telles espérances se réalisaient, si la religion prenait de nouveau une forme nationale, temporelle, israélite, elle retomberait de la haute région où elle a été placée le jour où tout particularisme a été aboli, et l'avenir, au lieu de lui réserver un progrès, la ramènerait en arrière dans les liens d'un étroit nationalisme. C'est pourquoi la religion chrétienne a lieu de redire à tous ses sectateurs judaïsants : *Ne me touchez pas.* — Ne m'honorez pas en me matérialisant, car il y a dix-huit siècles en un jour semblable, toutes les chaînes purement corporelles et matérielles sont tombées pour moi. Je suis le règne de l'Esprit, de l'amour immense, infini, et la cité que je bâtis se compose de pierres vivantes. Pas une pierre du temple ne sera relevée; le privilége du Juif sera de ne plus se souvenir qu'il est juif et d'entrer dans cette Eglise qui est la reconstruction de l'humanité véritable.

La religion de l'Ancien Testament n'aspirait-elle pas au fond à cette spiritualité? Elle l'enfermait comme une enveloppe d'abord opaque, qui devait devenir toujours plus transparente, jusqu'à ce qu'elle tombât semblable à la paille qui enveloppe l'épi, selon la belle image d'Irénée. Le judaïsme n'a pas cessé un seul jour de porter une pensée plus grande que lui-même et d'être, avant tout, un type et un pressentiment sublime, le symbole d'une vérité supérieure. Son histoire, son culte, tout préfigure sous une forme sensible et dans un cadre local, le règne spirituel qui devait être inauguré plus tard. Le pays sacré devient lui-même une parabole vivante des grandes consommations de l'avenir.

Sa possession, sa perte et son recouvrement figurent les phases de la destinée religieuse de l'humanité, ses chutes et son relèvement. Le désert et les lieux fertiles représentent les châtiments et les délivrances. Les coteaux, les vallées, les eaux murmurantes, tout prophétise. Et l'on voudrait, quand l'ère des types est passée, localiser, matérialiser, nationaliser de nouveau la religion! Non, l'élément périssable de l'ancienne alliance a disparu : ce qui était poudre est retourné à la poudre et n'en ressortira plus, mais l'esprit immortel souffle avec d'autant plus de puissance et ne se laissera pas enfermer dans des formes usées. C'en est fait de la théocratie, du temple, des gloires nationales du judaïsme. Sur leurs ruines s'élève le temple qui n'a pas été fait de mains d'hommes. La vraie consolation des débris de l'ancien Israël n'est pas d'attendre un nouveau royaume terrestre, mais de laisser les choses qui sont derrière eux, pour aller vers celles qui sont devant eux et devant nous, et dont nous ne nous détournerons pas au nom d'un littéralisme aussi faux en poésie qu'en prophétie. Voilà les réflexions que m'inspire ce matin de Pâques[1].

Que Jérusalem était belle du haut du mont des Oliviers, dans sa triste majesté. — Nous avons passé à Béthanie une de ces heures comme on en compte peu dans la vie. La bourgade de Marie nous a paru un sanctuaire céleste. Il nous a semblé qu'il venait à nous, Celui dont la parole était si miséricordieuse et si royale! Nous sommes revenus par les grottes sépulcrales d'Hakk-èl-Dama et par la porte de Sion, auprès de laquelle gémissaient de malheureux lépreux. Voilà une Pâque dont je me

[1] Il n'y a aucune contradiction entre ces réflexions et le ch. XI de l'épître aux Romains, qui annonce *conditionnellement* (v. 23) un retour du peuple juif à la vraie religion. Il est certain que lorsque l'Eglise aura triomphé de l'opposition de l'ancien peuple de Dieu, elle aura remporté l'une de ses victoires les plus signalées. L'Apôtre ne dit pas un mot du rétablissement d'une théocratie juive.

souviendrai. Je n'en célébrerai pas de plus belle jusqu'à la Pâque éternelle.

Nous allons, sous peu, quitter Jérusalem. Nous y avons rencontré l'accueil le plus cordial, soit auprès de M. Gobat, évêque anglican, illustre vétéran des Missions évangéliques, soit auprès de M. le docteur Rosen, consul de Prusse, l'homme certainement le plus compétent en Palestine, pour tout ce qui concerne l'Orient sacré, et dont la conversation est aussi spirituelle que savante.

Je relèverai ici les traits qui m'ont le plus frappé dans ce que l'on m'a raconté à Jérusalem sur l'état social et religieux du pays.

Les détails qui m'ont été donnés sur le clergé grec établi dans la contrée sont désolants. Il est tombé au dernier degré de l'abaissement; il ne songe qu'à exploiter les malheureux pèlerins qui arrivent du fond de la Russie ou de tous les points de l'Asie Mineure au prix de mille dangers. Le moine grec a le droit de posséder de son vivant, mais à sa mort ses biens retournent à son couvent, à moins qu'il n'ait fait une donation entre-vifs : ce dont on n'a jamais eu d'exemple. Aussi son avidité personnelle est-elle stimulée par l'avidité plus grande encore de son ordre. Le pauvre pèlerin trouve dans les religieux de son Eglise des larrons pires que les Bédouins, qui le dépouillent sans merci par une infâme simonie. L'un de ces moines, un naïf, se vantait des larges gratifications que lui avait values de la part de son couvent son habileté de quêteur. La grande quête se fait au premier repas servi aux arrivants dans le monastère grec. Le brave homme n'avait rien trouvé de mieux que de les abreuver largement d'eau-de-vie afin de leur ouvrir le cœur et la bourse. Le plus singulier de l'affaire c'est qu'il racontait la chose tout bonnement et qu'il croyait avoir fait une œuvre méritoire. Si un certain nombre de pèlerins apportent aux saints lieux une piété réelle, la majorité obéit à la plus misérable superstition. Ils sont persuadés que la visite à Jérusalem leur vaut le paradis, qu'ils se représentent à la manière des musulmans ; ils y voient de belles terres à cultiver ; aussi ont-ils soin de se faire garantir par les popes que le sol qu'ils ont mérité d'obtenir là-haut ne ressemblera pas au sol pierreux de la Judée, mais bien à leurs champs fertiles de l'Ukraine. Le paganisme de la décadence n'a pas vu de plus misérable jonglerie que la cérémonie si souvent décrite du feu sacré ; d'après le témoignage d'un ancien prêtre grec il serait produit par le frottement des mains de l'évêque l'une contre l'autre après qu'elles auraient été enduites de matières combustibles. Je crois plus volontiers à une simple allumette.

L'état politique et social du pays est ce qu'on peut imaginer de plus déplorable. La sécurité y est nulle ; le fellah enfouit le peu d'argent qu'il gagne sous quelque olivier ; de là un appauvrissement général. Le gouvernement ne fait sentir sa main ni pour protéger ni pour punir ; à deux heures de Jérusalem le pacha n'a aucun moyen de faire reconnaître son pouvoir aux Bédouins ; aussi ne pouvant supprimer le vol, il lui donne patente et les voyageurs doivent payer une indemnité aux voleurs. Un bureau a été organisé par ceux-ci à Jérusalem et on arrivera bientôt à la centralisation du brigandage. Nous avons remarqué la physionomie intelligente des fellahs. La femme n'échappe dans les campagnes à l'ennui pesant du harem qu'en étant l'esclave docile de son mari. Chaque nuit elle doit se relever à deux heures, pétrir la pâte et chercher le bois pour cuire le pain afin que son seigneur et maître trouve son déjeûner prêt au réveil. Pendant les premiers temps du mariage, dans la lune de miel, il laisse bien sa femme se relever, *pour la discipline* comme dirait Dickens, mais il charme sa veille en lui chantant quelque plaintive chanson arabe. La pauvre femme ne perd pas une goutte de sueur et d'ailleurs le temps de la galanterie est vite passé.

L'œuvre évangélique à Jérusalem offre plus d'un trait digne d'intérêt.

La Krishona de Bâle, espèce de mission laïque qui essaye de propager le christianisme par des artisans ou des commerçans mêlés par leur vo cation d'une façon toute naturelle aux populations, occupe plusieurs points de la Palestine; elle a son centre à Jérusalem et des ramifications à Jaffa et à Bethléem. Les diaconesses de Kaiserswerth ont ouvert une véritable hôtellerie du bon Samaritain, où toute créature humaine souffrante est accueillie avec amour, quelle que soit sa religion. Un orphelinat et des écoles dépendent de cette belle institution. A l'Eglise anglicane se rattache une petite communauté arabe dirigée par un pasteur alsacien; son principal champ de mission est parmi les juifs. L'évêque Gobat a sous sa direction d'importantes écoles. Les Eglises grecque et latine sont plutôt destinées aux chrétiens de naissance qu'à la propagande. A vrai dire, celle-ci est bien difficile en pays musulman. Le plus grand obstacle vient toujours de ce détestable mélange des traditions chrétiennes et juives avec les impostures du Koran, qui est le trait distinctif de l'islamisme. Parlez de Jésus au musulman intelligent, il vous dira qu'il le révère et lui donne une place dans son culte. Ce lambeau de pourpre cousu aux haillons d'une religion fanatique et sensuelle ne sert qu'à la conserver. Il faudra de terribles révolutions pour la détruire et, si ces révolutions n'ont pas lieu, elle conduira rapidement ces belles contrées à la mort physique et morale, à l'extinction de toute vie. La ruine et le désert marchent fatalement à la suite du mahométisme; pas n'est besoin du cimeterre pour tout ravager, la mosquée et le harem suffisent.

Lundi 28 mars.

Je n'ai pas voulu intercaler dans la portion de ce journal qui concerne Jérusalem le récit de nos courses à Bethléem et à la mer Morte. Je vais m'en acquitter brièvement. Bethléem est une bourgade bruyante, toute en montées et en descentes rapides. Elle est bâtie sur un monticule et entourée d'un amphithéâtre de collines. L'église de la Nativité est le monument le plus ancien en Palestine de l'architecture chrétienne. Elle a la forme d'une basilique à cinq nefs coupée par un transept de même longueur que les nefs; deux absides demi-circulaires terminent la basilique au nord et au sud. Les colonnes des nefs sont des monolithes de l'ordre corinthien; le toit est en bois de cèdre. Un escalier conduit au-dessous de la basilique dans la fameuse grotte de la Nativité, où, depuis Justin Martyr, la tradition fait naître Jésus-Christ, malgré le récit évangélique qui parle d'une hôtellerie et non d'une grotte. Autour des corridors souterrains plusieurs chapelles ont été ouvertes; on y remarque en premier lieu celle de Saint-Jérôme. L'église de la Nativité est enfermée entre les hautes murailles des couvents latin, grec et arménien. Des terrasses, la vue est très étendue. On montre au loin le champ des bergers. En tout cas, ce sont bien ces plaines qui ont entendu le salut angélique. Nous sommes saisis tout de nouveau de cette suave et sereine poésie des premiers chapitres de Luc. — Nos chevaux nous conduisent rapidement par d'affreux chemins aux fameux jardins de Salomon. On les trouverait médiocres dans une nature moins brûlée et moins dévastée. Ce sont des plantations d'arbres fruitiers que le printemps a couverts d'une neige odorante. Voilà bien le pays du Cantique des cantiques « L'amandier a fleuri et on a entendu le chant de la colombe dans nos contrées. »

De Jérusalem à la mer Morte on retrouve le terrible chemin des montagnes pierreuses interrompu au début par quelques prairies qui recouvrent de verdure la nudité des roches. Nous sommes partis équipés en guerre, sans argent et avec nos armes, accompagnés d'une escorte de Bédouins appartenant aux tribus pillardes dont nous allons parcourir le domaine indompté. Nous avons payé à Jérusalem la rançon de notre sécurité.

Après quatre heures de marche, vers midi, la mer Morte se présente à nous du haut d'un monticule où les musulmans prétendent avoir construit le vrai tombeau de Moïse. Un temps de galop nous amène à la grande et triste merveille[1].

[1] Pendant que nous longions la mer Morte, M. le duc de

La mer Morte est enfermée entre la sombre muraille de Moab et le plus horrible désert ; ses flots sont bleus et font l'effet d'un beau lac, mais c'est une apparence trompeuse ; rien ne vit dans ses eaux ni sur leurs bords. Ce bleu miroir ne reflète que la pierre et le sable. On sent que la mort s'est abattue sur cette contrée comme un terrible oiseau de proie. Quel contraste ravissant forme avec ce sombre désert la verte plaine où une eau basse et limoneuse apparaît soudain entre des bouquets de saules : c'est le Jourdain, c'est le fleuve du baptême de repentance [1], près

Luynes y poursuivait l'expédition dont on attend les résultats avec tant d'impatience. Ils compléteront les renseignements du major Lynch, dont le journal de voyage offre un si haut intérêt. On sait que ce dernier a entrepris cette périlleuse navigation au compte des Etats-Unis. M. de Saulcy a cru retrouver l'emplacement des villes maudites. M. Van de Welde, dans son récit de voyage, prétend n'avoir pas trouvé trace de cet emplacement. La grande particularité des eaux de la mer Morte tient à la proportion de sel qu'elles contiennent. Sur 100 portions d'eau, il y a 42 portions de sel. Je ne puis que renvoyer aux livres spéciaux sur le caractère propre de cette nature tourmentée, où tout rappelle le théâtre d'un effroyable cataclysme et dont la stérilité totale n'est pas contestée. On remarque souvent des matières soufrées considérables flottant sur les eaux.

[1] *Béthabara*, dont une ancienne erreur de copiste avait fait Béthanie, est l'endroit désigné par le quatrième évangile pour

duquel se réfugia Jésus avant le dernier combat, c'est une vision de fraîcheur et de paix, c'est le pays de la promesse après l'aride solitude, c'est le murmure de la vie. Nous nous plongeons avec délice dans ces flots rafraîchissants auxquels il ne faut pas se fier, car leur courant est irrésistible. Une heure plus tard nous entrons dans la plaine fertile de Jéricho, la ville des palmes. De cette cité illustre il ne reste que quelques cabanes d'Arabes. En vain on cherche les portes où le cri de Bartimée, comme la plainte ou le soupir de tous les êtres faibles et méprisés, remua le cœur de Jésus et provoqua l'un de ses miracles les plus touchants. Le bon Samaritain ne trouverait pas davantage l'hôtellerie secourable pour faire soigner le malheureux dépouillé : ce qui ne l'empêcherait pas de rencontrer les voleurs qui de tout temps ont hanté cette contrée. En effet les Bédouins de

le baptême de Jean (Jean I, 28). Cette localité paraît avoir été située sur la rive orientale du Jourdain; mais il est certain que Jean-Baptiste a résidé sur les deux rives, car Luc parle de *tout le pays du Jourdain* (Luc III, 3).

notre escorte ont des allures qui rappellent fortement la première partie de la parabole. Ce sont des défenseurs de l'ordre à la façon de Vidocq ; ce ne sont pas même des brigands retirés des affaires. L'un de nos cavaliers, qui est un cheik de la contrée, rencontre un troupeau de moutons, il empoigne un agneau sans autre forme de procès, sous prétexte que le berger passe sur ses terres et que c'est son droit de péage. Malheureusement on ne connaît exactement ni ses terres ni ses droits, et cet octroi improvisé ne laisse pas que d'inquiéter ; d'autant plus qu'il est reparti en maraude pendant la nuit. La plaine de Jéricho est ravissante dans ces premiers jours de printemps qui l'émaillent de mille fleurs ; une source d'eau vive, qui est la fontaine assainie par Elisée, y entretient la fraîcheur ; de gracieuses collines l'encadrent d'un côté tandis que de l'autre on aperçoit des montagnes plus hardies ; les yeux se reposent délicieusement sur cette verdure rajeunie. Nos tentes sont plantées près du ruisseau. Ce campement a pour nous tous les charmes de la nouveauté. La lune se lève et enveloppe d'une lumière argentée la plaine entière. Nous relisons la page sainte qui rappelle le passage de Jésus à Jéricho et nous nous endormons dans de bienfaisantes pensées. Le retour à Jérusalem s'est effectué ce matin avec moins d'agrément. La route était monotone, le soleil de feu, mais la course a été rapidement terminée et nous avons trouvé à Jérusalem ce qui est plus pour le voyageur que l'eau vive pour le pèlerin du désert, je veux dire les nouvelles du *home* tout ensemble si éloigné et si proche.

Ce matin même nous sommes sortis par la porte de Damas pour aller visiter la plus haute sommité des environs de Jérusalem : elle a nom *Nebi-Samuel*, et est située à cinq cents pieds d'élévation au-dessus de la plaine de Gabaon. Nebi-Samuel paraît avoir été l'ancien *Mitspa* de Samuel, où Saül fut sacré roi ; c'était par conséquent l'un des grands centres religieux de l'antique Israël avant l'érection du temple. A deux lieues de Jérusalem, les montagnes deviennent plus riantes; par ce beau matin, elles nous rappellent les Alpes de la Suisse. Nous atteignons la hauteur à neuf heures et demie. La vue est admirable. Au sud-est Jérusalem, ses tours et ses minarets; à l'ouest la plaine de Saaron, la tour de Ramleh et les sables qui expirent à la mer; la Méditerranée elle-même n'est qu'une ligne argentée pour nos yeux éblouis. Tout autour de nous s'étagent des collines verdoyantes; au loin vers l'est se dresse la chaîne bleue de Moab. Au pied de la hauteur on aperçoit les fameux défilés commis à la garde de Benjamin. L'intérêt de cette course est de nous transporter sur l'un des principaux champs de bataille de Josué. C'est dans ces gorges qu'il battit les cinq rois et arrêta dans son cours la lumière du jour. Nous revenons à Jérusalem après avoir visité El-Koubaiheh, misérable hameau que l'on assimile à Emmaüs.

Mercredi 30 mars, devant le couvent de Mar-Saba.

Depuis hier nous sommes entrés dans notre

vie de pèlerins. Elle est parfaitement organisée. Nous avons traité pour notre voyage de Jérusalem à Beyrout, en passant par Damas et Ba'albek; Joseph, notre drogman, est le plus serviable des hommes, moyennant les douze cents francs que chacun de nous lui verse. Nous marchons comme le colimaçon, avec notre demeure, emportant tout avec nous. Nous formons vraiment une cavalcade tout à fait respectable quand notre longue file gravit une côte. Vers midi, nous nous abritons sous quelque ombrage, près d'une fontaine, pour déjeuner. Le moment charmant est celui où, arrivés au terme du voyage du jour, on dresse nos tentes sur lesquelles flotte le drapeau national. Nous humons avec délice l'air pur du soir. La fumée emporte notre rêve en spirales bien loin de nos tentes, au foyer auquel le cœur revient obstinément.

Nous avons débuté par Hébron et le couvent de Mar-Saba. Nous nous sommes arrêtés d'abord aux réservoirs dits de Salomon, vastes bassins au nombre de trois, qui renvoyaient l'eau jusqu'à Jérusalem par des conduits souterrains. Les murs sont construits de ces pierres énormes qui caractérisaient les anciennes constructions judaïques. Ce monument de la puissance du grand roi est imposant[1]. On conçoit combien la fraîcheur et la fertilité que ces réservoirs répandaient dans la contrée environnante ont paru merveilleuses aux habitants de ce pays brûlé. La poésie hébraïque a emprunté à ce petit coin de terre fleuri ses plus brillantes images. Jusqu'à Hébron la route est monotone; on s'aperçoit néanmoins qu'on approche d'un pays plus fertile; les prairies sont nombreuses. Dans cette saison de l'année, partout où une petite fleur peut se placer, on est sûr de la rencontrer à ses pieds. A une heure d'Hébron est une citerne où la tradition place le baptême de l'eunuque de la reine Candace.

[1] Des doutes ont été élevés sur l'origine de ces réservoirs. Il me paraît difficile néanmoins de leur trouver une autre date dans l'histoire du peuple d'Israël.

Avec Hébron commence le vignoble de Juda. A chaque pas nous retrouvons, comme l'ont remarqué de nombreux voyageurs, la belle et touchante parabole d'Esaïe ; rien n'y manque, ni la vigne, ni la haie, ni la tour du gardien. Le chêne dit d'Abraham, qu'on montre près d'Hébron, est un arbre magnifique, plusieurs fois séculaire, dont les rameaux étendent au loin leur ombre sur le gazon. Cette désignation légendaire ne pourrait être mieux placée que dans ce pays des patriarches. C'est bien dans un lieu semblable qu'Abraham, avec cette noblesse qui se retrouve toujours sous la tente, et avec l'insistance qui convenait à ce grand cœur, offrit l'hospitalité aux pèlerins fatigués passant devant lui sous le feu du midi. C'est là que, dans ces pèlerins, il reconnut les anges de l'Eternel et que, dans une lutte plus sublime peut-être que celle de Jacob, il devança les miséricordes du Christ en intercédant pour les villes maudites. Hébron est tout rempli de son souvenir ; c'est là que reposent ses cendres et celles des siens. La ville n'est pas fermée de murs, comme la plupart des villes orientales ; elle serpente dans une vallée plantée de beaux oliviers, au pied d'un amphithéâtre ondulé de collines, derrière lesquelles apparaissent de vraies cimes. La caverne de Macpéla est devenue une mosquée de mauvais goût, absolument close aux chrétiens. Il reste encore quelques pans de mur des anciennes constructions dont les rois Juifs entourèrent la fameuse caverne ; on les reconnaît à leurs pierres massives. La mosquée est un lourd bâtiment carré, ouvert d'un côté. Malgré tout ce qu'on a fait pour enlaidir ce lieu, il demeure imposant et sacré. C'est le plus ancien monument de la foi au vrai Dieu, et quelle foi héroïque dans cette prise de possession, par un sépulcre, du pays de la promesse ! Les habitants de la ville sont animés du fanatisme le plus farouche : il est facile de s'en apercevoir à leurs regards dédaigneux ou irrités. Une troupe de méchants enfants nous entoure, tandis que nous contemplons le coucher du soleil sur l'antique cité. Ils ont bien l'air de vouloir nous jeter des pierres comme leurs pareils l'ont fait l'autre jour à Hakk-èl-Dama. Nos tentes sont dressées dans une charmante prairie, entre des eaux vives et des oliviers. Les Arabes nous contemplent en fumant; de vieux Juifs à barbe longue viennent nous offrir du vin. G... veut acheter un cheval. Cela donne lieu aux scènes les plus amusantes. On nous amène de jeunes poulains qu'il essaye. La population se groupe autour de nous, car la vente d'un cheval est une grosse affaire sur les confins des déserts d'Arabie.

Ce matin nous sommes retournés par le même chemin jusqu'aux réservoirs de Salomon. La route a été animée par plusieurs rencontres; tantôt ce sont des Juifs de Jérusalem qui vont demander l'hospitalité à leurs frères d'Hébron plus riches qu'eux; ils font le voyage assis gravement sur leurs ânes; tantôt c'est un Bédouin qui a envie de vendre son cheval à G... et le fait magnifiquement caracoler devant nous; plus loin c'est un parti de bachi-bozoucs très bien montés qui vont réclamer à Hébron des chevaux volés. Quels effrayants justiciers! Les chameaux, plus nombreux, indiquent que le grand désert n'est pas loin. Nous repassons par Bethléem; nous remarquons la fameuse robe rouge des habitants, souvenir des anciens temps, et leurs traits fins et énergiques. La journée devient brûlante, nous traversons les montagnes arides qui précèdent le pays maudit. Il y a là deux ou trois heures pénibles à supporter. Mon cheval me procure la distraction de rouler, sans me prévenir, sur des pierres glissantes. Mais, vers trois heures, tout est oublié et un même cri d'admiration nous échappe : la mer Morte nous apparaît comme un immense saphir encadré entre le désert et les belles montagnes de Moab. Le désert n'a rien de monotone : on dirait une marée de l'Océan pétrifiée, tant il y a de mouvement dans ces montagnes de sables. Un chemin de chèvre nous conduit dans le dernier encaissement de la vallée aride, où se dresse, du milieu des rocs, le couvent grec de Saint-

Saba ou de Mar-Saba. Saint Saba fut l'un de ces anachorètes qui, vers le quatrième siècle, commencèrent en Palestine et en Egypte à vivre dans les grottes. Le couvent comprend plusieurs de ces grottes, car il suit les sinuosités de la montagne à laquelle il est adossé. Ses blanches constructions descendent la pente du ravin au pied duquel est le lit sec et brûlant du Cédron. De ses terrasses supérieures, on a en face de soi les grottes des solitaires et partout le désert. *Pulchrum est transeuntibus*. Les moines y vivent comme dans une forteresse. On n'y entre qu'avec une lettre du couvent grec de Jérusalem ; encore faut-il la faire passer par une corbeille qui descend mystérieusement de la tour. Les Maccabées avaient construit, sur le même emplacement, une forteresse rebâtie par Hérode, qui subit un siége terrible des Romains. Le couvent lui-même fut assiégé et pris par les Bédouins : plus de trente moines furent massacrés. Les peintures dorées que le gouvernement russe a fait faire dans la chapelle produisent une médiocre impression. Ce qui saisit, c'est ce pittoresque sauvage et presque terrible, c'est le souvenir de la vie solitaire et ascétique qui transporta les idées et les pratiques de l'Inde dans le christianisme. On relit sur ces rocs l'une des pages les plus sévères de l'histoire de l'Eglise. Bien que harassés par dix heures de cheval, nous gravissons la colline. Le couchant d'Orient sème ses perles sur les montagnes de Moab et sur les eaux de la mer maudite, qui a les sourires d'un lac italien. On étouffe dans cet entonnoir; le siroco souffle et les insectes ont aiguisé leurs dards. Qu'importe! les nobles et rares jouissances que nous avons goûtées aujourd'hui valent leur prix.

Béthel, vendredi 1er avril.

Nous avons passé jeudi notre dernière journée à Jérusalem. Elle nous est apparue dans toute sa triste beauté du haut du Scopus. L'émotion de cette heure de l'adieu égale celle de l'arrivée. Ce beau pèlerinage accompli laisse dans le cœur une impression sérieuse et grande qui jamais plus ne s'effacera. On sait que la pensée reviendra sans cesse vers la cité en deuil. Nous commençons notre grand voyage au travers de la Samarie, de la Galilée et du Liban. La route, une fois le Scopus dépassé, est d'une désespérante monotonie. Après quatre heures de marche nous atteignons Béthel. Ce n'est certes pas à la beauté du site que ce lieu sacré doit sa gloire. Le misérable hameau qui porte ce grand nom est bâti dans un encadrement de maigres collines; on y remarque tout autour des pierres énormes et des ruines informes. Mais l'échelle que contempla Jacob partait du ciel et n'avait pas besoin d'être assise sur un sol riche et fleuri. D'ailleurs, avant de poser sa tête fatiguée sur le roc du chemin, il avait sans doute contemplé ce que j'appelle le paysage d'en haut, la nuit d'Orient avait étendu sur lui son voile d'argent. Toujours est-il que c'est sur l'un des plus pauvres plateaux du pays qu'a eu lieu cette vision sublime entre toutes, dont le chef du nouvel Israël a accepté et agrandi le symbole. Nous rencontrons sur notre route de longues files de pèlerins arméniens et russes, hommes, femmes, et enfants; ils reviennent de Nazareth; les riches sont en tête, montés sur des mulets ou sur des ânes, mais les pauvres les suivent à pied, les vêtements usés, accablés de fatigue; tous portent des palmes dans leurs mains. Ce spectacle est émouvant au plus haut point. Rien n'est plus facile que de se reporter aux temps où les caravanes juives, se rendant à Jérusalem pour célébrer les fêtes solennelles, remplissaient ces mêmes chemins.

Nous touchons aux limites de la Judée proprement dite. Nous allons atteindre la riante contrée d'Ephraïm. Le caractère du paysage va changer. C'est bien le moment de donner mon impression sur l'aspect général de la Judée, qui fut le centre du pays des révélations[1]. Comme l'a très bien remarqué M. Stanley, rien au premier abord n'y excite l'enthou-

[1] Il faut naturellement y comprendre le territoire de la tribu de Benjamin.

siasme, rien n'y provoque l'inspiration lyrique. On y chercherait vainement le trépied d'une sibylle ou le Parnasse des Muses. Il est des terres favorisées où l'ivresse poétique monte des fleurs parfumées, des coteaux gracieusement découpés, ou descend du ciel avec la lumière rosée. Telle fut la Grèce, « mère d'idolâtrie, » dont le philtre a enivré tant de générations. La Judée, au contraire, est rude et triste. Elle a, sans doute, beaucoup changé à la suite des invasions successives qui l'ont ravagée, mais elle n'a jamais été variée ni pittoresque. C'est un sauvage pays de montagnes, pressé de toutes parts par le désert. Aussi l'inspiration y a-t-elle été essentiellement morale et sainte; il fallait que le monde supérieur s'abaissât vers elle pour y faire naître les souveraines beautés de ses saints livres. C'est la terre non des poëtes, mais des prophètes; elle n'a enfanté la vérité que dans le trouble et la douleur. La révélation y est descendue comme l'éclair et la foudre du nuage où s'enveloppe la majesté de Jéhovah. Athènes est le pays du beau, le berceau du grand art; ici est la sévère région du saint. Le vent de Dieu, devant lequel Job a frémi jusqu'à en mourir, a passé sur ces coteaux et ces plaines et les a consumés, mais aussi la Judée a été le sanctuaire de l'Invisible, la terre du surnaturel et, pour tout dire, le berceau du Crucifié.

Naplouse (l'ancienne Sichem), samedi 2 avril.

A six lieues de Jérusalem, nous sortons des arides domaines de la guerrière tribu de Benjamin. Un frais sentier, ombragé par les oliviers, nous conduit à Scilo qui n'est plus qu'une chétive bourgade. L'arche sainte a résidé longtemps sur ces hauteurs, et le jeune Samuel a grandi en ces lieux à l'ombre de l'autel. On a sous les yeux tout ce charmant et riche pays d'Ephraïm qui rappelle les vallées de la Suisse. A partir de Scilo, le voyage n'offre aucun intérêt jusqu'aux environs immédiats de Naplouse. On reconnaît que le sol est plus cultivé, le pays plus riche. Nous arrivons enfin à une plaine où les eaux coulent avec une abondance rare en Palestine. Une ligne de collines la ferme d'un côté; de l'autre elle s'étend entre deux montagnes assez élevées, qui sont le Hébal et le Garizim. En faisant un détour de quelques pas, nous rencontrons un amas de décombres : c'est le puits de Jacob; l'emplacement est d'une incontestable authenticité. C'est donc là que le Maître s'assit sous l'accablement d'un jour brûlant; il avait parcouru ce même chemin, et c'est là, dans ce coin ignoré du monde, qu'il prononça les plus grandes paroles que la terre eût entendues, car elles inauguraient le règne de l'esprit. Toute la scène devient vivante. On voit la femme qui vient de la ville si prochaine, les disciples qui s'y rendent; on assiste à cet entretien, familièrement sublime, auquel il est si nécessaire de ramener aujourd'hui toutes les Eglises. Voici près de ces eaux courantes de beaux champs de blé, et c'est à eux que, selon sa coutume, le Maître a emprunté sa comparaison du semeur et des moissonneurs : *Voyez, les moissons sont déjà blanches!* Toutes mes impressions sont résumées par ce mot si touchant du *Requiem :* « *Quærens me sedisti lassus.* En me cherchant tu t'assis fatigué. » O mon Sauveur, je te vois ici sémblable à ces pèlerins que j'ai rencontrés hier, — du moins aux plus pauvres, aux plus lassés, — car tu ne voyageais pas comme les riches, comme ceux que portaient les mules ou les chevaux de la caravane, mais tes pieds s'étaient meurtris aux pierres du chemin; tu étais consumé par la soif. Tu as tout oublié pour cette femme méprisée et méprisable qu'aucun Juif ne daignerait regarder; c'est une âme perdue à éclairer dans ses affreuses ténèbres, à sauver d'elle-même, et elle aura les prémices de ton enseignement le plus élevé, le plus profond. Tu m'apparais, à cette heure, tout ensemble dans les abaissements de ton humanité et dans le pur éclat de ta royauté spirituelle ! L'eau du puits s'est tarie, des pierres la recouvrent, mais la source que ta parole a ouverte en ces mêmes lieux jaillit aussi fraîche, aussi vivante aujourd'hui qu'il y a dix-huit siècles. Comment ne pas être saisi de ce glorieux contraste près de cette fontaine desséchée !

Naplouse est dans un vrai paradis, au pied de ses deux montagnes, dans une plaine toute murmurante d'eaux vives, bordée de toutes parts par des jardins verdoyants. Nous sommes campés dans un bosquet d'oliviers et de mûriers; un frais ruisseau fait le tour de notre domaine. On sait que Naplouse est cette ancienne Sichem qui, après avoir marqué dans l'histoire patriarcale, devint le centre de ce bizarre culte samaritain qui fit une guerre si vive au judaïsme et fut l'objet de ses plus ardentes animosités. On sait aussi que la secte samaritaine s'est conservée jusqu'à aujourd'hui tout en étant réduite à un chétif résidu. Il ne reste qu'une ruine informe du temple de Garizim; c'est là que les adhérents de la secte célèbrent la fête de Pâques selon les anciens rites. Nous trouvant à Naplouse le jour du sabbat, nous avons eu la bonne fortune d'assister au culte samaritain. Le grand prêtre nous avait reçus de la manière la plus cordiale, et nous avait même offert l'hospitalité sous son toit pour plusieurs jours. C'est un bel homme à barbe blanche. Au reste, tous les Samaritains que nous avons vus sont remarquablement beaux; comme ils ne se marient qu'entre eux, ils ont conservé le type de la race qui est très noble. Ils ne sont en tout que cent trente-cinq. Ils célèbrent le service religieux dans une salle basse et voûtée qui leur sert de synagogue et qui n'a d'autre ornement que des tapis. Un grand voile dérobe à tous les yeux le sanctuaire où ils conservent le fameux manuscrit du Pentateuque qui fait leur gloire, seule portion des Ecritures qu'ils admettent. On nous a montré ce manuscrit, certainement l'un des plus antiques qui existent, bien qu'il soit postérieur au texte hébreu, d'après l'appréciation de juges compétents.

On a constaté, en effet, que les copistes ont

substitué aux textes particulièrement difficiles des textes explicatifs ou des paraphrases. Il paraît que le texte du Décalogue est altéré et que le dixième commandement a été remplacé par ces mots : *Tu bâtiras un temple à l'Eternel sur le Garizim*. Les Samaritains se considèrent comme les représentants authentiques du mosaïsme; ils accusent David et Salomon d'avoir été des novateurs impies parce qu'ils ont transporté à Jérusalem le centre de la religion. Ils ont aussi voué une haine invétérée à Esdras, le restaurateur du second temple. C'était un spectacle étrange pour nous que celui de ces derniers représentants d'une religion morte célébrant cette espèce de culte posthume. Ils sont tous vètus de blanc et se prosternent la face contre terre à chaque instant. Le culte consiste en lectures d'une portion du Pentateuque, faites par l'un des prêtres, en prières et en litanies hurlées d'après le mode oriental. On y retrouve, du reste, fidèlement observés, les rites universels de cette religion des vaines formes si largement répandue dans le monde, dans toutes les Eglises. C'est toujours cet art si généralement cultivé d'étouffer la pensée et le sentiment sous la cérémonie, de faire de la prière une récitation rhythmée et de la lecture des saints écrits une ridicule mélopée. Au sortir de la synagogue nous sommes montés chez un des membres influents de la secte qui, nous supposant comme Européens de grandes connaissances médicales, nous a amené tous les malades de sa famille et de sa suite, à commencer par sa jeune femme qui portait sur ses beaux traits les traces d'une phthisie avancée. Le mauvais temps nous a empêchés de gravir le Garizim, d'où la vue est superbe par un jour clair, car elle s'étend de la Méditerranée aux blanches cimes de l'Hermon; mais l'ascension eût été parfaitement inutile sous le souffle furieux de ce vent qui rassemble les nuages. Ce soir, les étoiles ont reparu. Je veux croire à la mienne pour la semaine prochaine; nous avons bien besoin de soleil.

Dimanche soir 3 avril.

Cette nuit une pluie torrentielle nous a inondés en pleine tente, et nous a procuré un bain surérogatoire. Malheureusement elle nous a condamnés à la captivité sous nos toiles mouillées. Le jour s'est cependant très bien passé. J'ai relu, avec un intérêt tout nouveau, les grandes scènes bibliques dont j'ai vu le théâtre ces derniers jours. Le soleil a reparu vers quatre heures, ce qui nous a permis de parcourir la ville, très peuplée, très vivante; on y admire quelques belles maisons comme on n'en trouve pas à Jérusalem. Nous avons été ravis des jardins frais et embaumés qui l'environnent; c'est un luxe de végétation inouï en Palestine. Tous les arbres du Midi sont plantés à profusion près de ces eaux courantes. Naplouse forme une oasis verte et parfumée entre ses deux montagnes. Malheureusement elle produit plus de voleurs que d'orangers; sa population a une réputation détestable et méritée; nous sommes obligés d'avoir toute la nuit trois ou quatre sentinelles; encore ai-je été volé par l'un de nos gardiens.

Lundi soir 4 avril.

Belle et ravissante journée! Les nuages ont disparu; le ciel est d'une diaphane pureté; la pluie a rempli les citernes, et des prés rafraîchis et fleuris montent de pénétrants aromes. Le pays est toujours plus riant; les oliviers abondent et frangent leur feuillage argenté dans le bleu du matin. La vallée qui s'étend au delà de Naplouse est un verger d'arbres fruitiers; une courte montée nous amène à Sébaste, l'ancienne Samarie. Nous y admirons d'abord les imposantes ruines d'une basilique élevée par les croisés; une nef entière subsiste avec de beaux restes de l'abside; une végétation de printemps se joue parmi ces débris. La population mâle du village nous environne, pittoresquement groupée; le chef vient à passer. Nous remarquons la distinction des saluts échangés. L'Arabe en manteau de laine est un gentilhomme déguenillé, mais il possède une certaine noblesse native que rien ne lui enlève et qui surgit à la première occasion. Sur le haut de la colline, des fragments de colonnes et des pierres colossales indiquent la place où fut Samarie. Nous saluons avec ravissement la Méditerranée, que nous entrevoyons longtemps au travers des oliviers. Nous traversons plusieurs vallées, tantôt ouvertes, tantôt encaissées dans les collines où paissent de grands troupeaux de bœufs : spectacle nouveau pour nous en ce pays. Tout annonce la richesse agricole triomphant de l'incurie ou du brigandage. Notre lieu de campement est Djénin ; c'est le plus gracieux paysage que nous ayons rencontré en Palestine. Nos tentes sont dressées dans une vaste prairie bordée d'un ruisseau; elle est située au bas des dernières pentes des montagnes samaritaines, et en face de la ligne gracieuse des montagnes de la Galilée. Le village est pittoresquement bâti sur une colline; la mosquée est à moitié cachée par de beaux palmiers. C'est une vraie vision d'Orient par ce beau soir pur et doré. Seulement les hauteurs voisines sont hantées par les Bédouins; le duc de Modène a été volé ici même ces jours derniers. Le gouverneur du village nous a envoyé un de ces dangereux protecteurs de l'ordre dont la mine n'a rien de rassurant. Tout à l'heure un de nos moukres a tiré un coup de fusil; nous avons cru que les Bédouins arrivaient. Nous n'en sommes pas moins parfaitement tranquilles et gais. Cette belle nuit nous semble une protection.

Mercredi soir 6 avril. Couvent du Mont-Carmel.

Nous avions fermement résolu de venir en une étape de Djénin au couvent de Carmel, ce qui est parfaitement possible, mais notre drogman en avait décidé autrement; il lui convenait de faire le voyage avec un confrère qui accompagne des dames anglaises. Joseph est un brave garçon, serviable, empressé, mais un peu trop Arabe pour négliger de nous faire passer sous ses soins dispendieux un jour de plus. Si nous avions tenu bon, il aurait plié, mais nous avons pris la plus fâcheuse attitude, celle d'un ministère qui se divise devant les chambres. Nous avons discuté entre nous en présence de l'adversaire, si bien qu'il a vaincu sur toute la ligne, et qu'hier nous avons fait une ridicule journée de cinq heures, plantant nos tentes à une heure de l'après-midi. Il est vrai que l'endroit était charmant : c'était au centre de la vaste plaine d'Esdraëlon, presque en face de ce plantureux Jesraël où Achab tenait sa cour. Nulle part je n'ai vu un parterre de fleurs comparable à cette plaine sous sa parure de printemps; le gazon étincelle de toutes les couleurs imaginables avec un éclat extraordinaire. On dirait un arc-en-ciel mouvant, sur les hautes herbes, que le vent balance. Le Thabor se dressait à notre droite et le Carmel à notre gauche; les tentes noires des Bédouins étaient parsemées dans les prairies; de hardis cavaliers passaient sans cesse en galopant, tandis que des Arabes nomades faisaient paître leurs nombreux troupeaux sur les pentes voisines. Le ruisseau ordinaire ne manquait pas à notre campement. Le soir Joseph eut son châtiment. Un Bédouin vint raconter que les léopards enlevaient tous les soirs quelques brebis aux troupeaux de sa tribu. Là-dessus G..., notre grand chasseur, prend feu et déclare qu'il va se rendre à l'instant même sous les huttes des honorables chevaliers du désert pour attendre la bête fauve; il signifie à Joseph de l'accompagner. Le malheureux n'est pas un héros, d'ailleurs il n'a jamais chassé pareil monstre. Il fallait voir sa mine allongée, son tremblement, sa pâleur; il fallait entendre ses éloquents discours pour détourner G... de ce projet, d'ailleurs inexécutable, car, après le coucher du soleil, le Bédouin ne connaît plus l'hospitalité et tire au hasard sur l'importun que lui désigne l'aboiement de ses chiens. G... a dû se rabattre sur une tentative de chasse au léopard ce matin; mais, faute de chien, il n'a pu mener à bien son projet. Il avait encore emmené le tremblant Joseph. Cela lui apprendra à nous arrêter après cinq heures de marche et, la première fois qu'il raccourcira ainsi nos journées, nous lui lancerons le léopard dans les jambes, ou plutôt dans l'imagination. Nous sommes sûrs que, désormais, il ne nous mesurera plus si généreusement nos loisirs.

Plaisanterie à part, j'ai été en définitive réconcilié avec ce retard qui m'avait si fort indigné ; il nous a permis de passer toute notre journée dans ce merveilleux Carmel. Ce n'est plus la montagne de Palestine aride et pierreuse ; couvert de magnifiques bois de chênes et de sapins, paré d'un tapis de myrte et de mille fleurs parfumées dont la brise est embaumée, il répond parfaitement à son nom qui signifie *terre fertile*. A chaque instant un double horizon de montagnes apparaît aux regards, et la mer s'étend, immense et bleue, après avoir caressé la plage unie et ses baies mollement arrondies. Grâce et grandeur, beauté souriante, infini, tout est là pour ravir et émouvoir, tandis que des vautours et des aigles planent à une hauteur considérable dans l'azur. Nous nous sommes arrêtés à El-Mouhrakah situé dans la montagne à cinq heures et demie du couvent. C'est là que la tradition a placé le sacrifice d'Elie. El-Mouhrakah est une terrasse naturelle dominant toute la plaine d'Esdraëlon; des fragments de pierres énormes jonchent le sol. L'emplacement répond parfaitement au récit du livre des Rois (1 Rois XVIII, 20). Derrière nous est la grande mer d'où le prophète vit s'élever la petite nuée grosse comme la paume de la main, qui devait répandre sur le sol brûlé une pluie bienfaisante. Le Kisçon, rougi du sang des prêtres imposteurs après la honteuse défaite de leur dieu, coule dans la plaine au pied du Carmel. Voici devant nous Jesraël, où le roi se rendit sur son chariot après le miracle annoncé par le prophète. L'horizon de montagnes est très étendu de cette hauteur; il forme une courbe gracieuse qui part des montagnes de Samarie et se termine aux plus lointaines collines de la Galilée. Le Thabor fait face au spectateur ; on dirait le dôme arrondi d'une basilique bysantine formée naturellement. La plaine d'Esdraëlon déroule entre le Thabor et le Carmel sa robe étincelante, tandis que du côté de la mer la plaine qui rejoint Jaffa et la Méditerranée se perd dans un brillant lointain. Tout autour de nous le Carmel jette dans toutes les directions ses verts bosquets et ses pentes fleuries. L'Italie n'a rien de plus gracieux et la Suisse rien de plus majestueux. Ajoutez-y le souvenir d'une des scènes les plus pathétiques de l'Ancien Testament! Nous avons reçu ce soir l'hospitalité du couvent du Carmel, bâti sur un hardi promontoire que les vagues battent de toutes parts. Des terrasses supérieures on a la vue de mer la plus splendide avec la ligne du Liban sur la côte opposée. Le couvent a dû sa restauration au fameux père Jean-Baptiste, qui a parcouru toute l'Europe dans ce dessein. Certes son but était louable et nous le félicitons de l'avoir atteint, mais il ne faut pas faire de cet incomparable quêteur un nouvel Elie maniant la foudre de Dieu, parce qu'un jour, d'après le récit de

Monseigneur Meslin il aurait lancé cette interpellation véhémente à des Grecs schismatiques qui se dirigeaient vers le couvent : *In nomine Dei, canaglia !* Il faut avoir un amour bien vif de la parodie pour rapprocher une telle scène du sacrifice d'Elie. C'est pourtant ce que fait le bon prélat.

Voilà une journée qui marquera dans notre voyage. Ces jouissances payent amplement la fatigue d'une course de dix heures; elles m'ont fait triompher d'un malaise très pénible attrapé dans le bain que j'ai pris l'autre nuit sous la tente.

Avant de quitter le Carmel, je rappellerai en quelques mots le rôle important qu'il joue dans les saintes Ecritures ; il ne le cède pas au Liban dans les oracles des prophètes. Quand Esaïe veut peindre la beauté du paradis retrouvé, il dit que la solitude fleurira comme la rose et que la gloire du Liban et la magnificence du Carmel lui seront données (Esaïe XXXV, 2). Il a décrit ailleurs cette magnificence du Carmel dans un passage que l'on ne peut lire sans se sentir transporté sur la montagne d'Elie : « Les montagnes et les coteaux, dit-il, éclateront de joie. Au lieu du buisson croîtra le sapin, et au lieu de l'épine croîtra le myrte » (Es. LV, 12, 13). L'épouse du cantique est comparée, dans sa beauté pleine de grâce et de majesté, à la cime que nous avons tant admirée : « Ta tête est semblable au Carmel, lui dit le bien-aimé » (Cant. VII, 6). Quand Esaïe veut peindre de la manière la plus pathétique la désolation du pays il s'écrie : « Basçan et le Carmel sont dévastés » (Esaïe XXXIII, 9). « Le sommet du Carmel se desséchera, » dit Amos (I, 2). C'est là enfin, comme nous l'avons vu, que le culte de Jéhovah et celui de Baal, le dieu des hauteurs, ont engagé une lutte suprême. Le Carmel demeure un lieu consacré pour le paganisme asiatique. Tacite prétend que la montagne elle-même était l'objet d'un culte (*montem deumque vocant*) (*Hist.*, II, 78). L'oracle qui promet à Vespasien l'empire aurait retenti, d'après le grand historien, sur la cime de ce mont auguste. C'est dans ces retraites que Michée convoque sous la houlette de Jéhovah le troupeau dispersé mais repentant d'Israël (Michée VII, 14). Quand l'auteur inconnu du *Requiem* veut désigner d'un mot toute l'ancienne prophétie, il dit : *Gloria Carmelis*[1].

Nous avons dit adieu ce matin avec regret au couvent. Après avoir traversé la plaine d'Esdraëlon coupée de nombreux ruisseaux qui y entretiennent la fraîcheur, nous avons atteint la fertile Galilée, qui nous est apparue d'abord comme un vaste champ cultivé. Vers quatre heures nous étions à Nazareth. Voilà encore l'idéal rêvé. La ville où Jésus grandit, quoique bâtie en amphithéâtre, est enfermée entre des collines qui la dérobent au monde ; elle y déroule comme un étroit ruban de blanches maisons à terrasses d'où le couvent latin se détache seul avec la mosquée. La même impression de paix qui saisit à Béthanie s'impose à nous dans cette

[1] Voir Ritter, XVI, 904.

infime cité. Je la définirai volontiers une Béthanie agrandie. Nazareth m'a plus frappé que Bethléem. Jésus n'a fait que naître dans cette dernière ville ; ici, devant ce même horizon, il a crû en stature et en grâce, et il a pris conscience des divins trésors qui étaient en lui. Nazareth est encore une ville laborieuse où l'on entend le marteau de nombreux artisans. Ces échoppes reportent vivement à l'humble atelier qu'habita le Fils de l'homme. La douce et pure figure de Marie embellit pour nous Nazareth. C'est dans un chétif réduit semblable à ceux devant lesquels nous passons que l'ange lui apporta le grand et glorieux mystère de sa destinée. C'est ici que son cœur enfermait tous les saints souvenirs dont elle vivait et « qu'elle repassait en elle, » source pure où puisa la tradition primitive des Evangiles. Ces ruelles étroites qu'habite une population bien supérieure à celle que nous avons rencontrée dans les autres villes de la Palestine, sont éclairées d'un vif rayon de gloire. C'est donc de ce hameau si méprisé, si perdu, si enseveli et par la nature et par les dédains des anciens juifs, qu'est sortie cette éclatante lumière qui a éclairé le monde, et c'est derrière ces petites collines que s'est levé l'astre des temps nouveaux ! Que ses rayons ont dû être vifs pour que d'une telle obscurité ait jailli une telle gloire ! Au moment où nous entrons dans l'église du couvent de l'Annonciation un chœur de voix d'enfants chante un cantique au Christ. Nous apprenons que c'est en l'honneur du duc de Modène, en passage à Nazareth, qu'a lieu la cérémonie. N'importe ! ces fraîches voix célébrant celui qui sanctifia l'enfance en ces mêmes lieux nous vont droit au cœur. Au-dessus de Nazareth est une colline peu élevée appelée le Nebi-Ismaël d'où l'on a le plus beau panorama de la Palestine : d'un côté les monts de Samarie et le Carmel jusqu'à la mer, de l'autre le Liban et l'Anti-Liban avec sa couronne de neige, tandis que la chaîne de Moab fuit à l'horizon lointain ; plus près du spectateur le Thabor, le petit Hermon, la colline de Gilboah où périrent Saül et Jonathan ; entre les deux principales rangées de montagnes, la plaine d'Esdraëlon dans toute son étendue et sa magnificence, rejoignant les champs fertiles de la Galilée; enfin, au pied de la colline, Nazareth semblable à une rose qui ouvre sa corolle, ainsi que l'indique son nom d'après saint Jérôme; et dans ce cadre immense toutes les teintes de la végétation, tous les tons des couleurs les plus variées, depuis la roche nue et rougeâtre jusqu'aux verts gazons et aux oliviers argentés, voilà ce que le regard embrasse du haut du Nebi-Ismaël. C'est ainsi que dans cette contrée favorisée, Jésus trouvait tout ensemble une retraite profonde et le plus grandiose horizon. Son âme sainte se développait loin des disputes stériles de la synagogue, et il lui suffisait de gravir un monticule pour qu'au delà des montagnes de sa patrie, il entrevît le vaste monde qu'il devait sauver et conquérir et dont les portes s'ouvraient en quelque sorte au bord de la grande mer!

En redescendant du sommet du Nebi-Ismaël, Nazareth nous est apparue à mi-côte, plus belle, plus touchante encore sous les derniers rayons du jour. Nous avons passé, là comme à Béthanie, une de ces heures sacrées qui vous donnent mieux que l'enthousiasme et l'enchantement d'un site admirable, car elles font tout oublier pour *Lui*. De même que dans l'Evangile, les accessoires disparaissent; on ne voit plus que l'humble Jésus dans cette humble cité. Je n'ai pas su y retrouver cette molle atmosphère de bien-être et de poésie champêtre à laquelle une certaine école attribue son développement moral. Je vois une ville d'artisans et de pauvres, encadrée dans une nature magnifique. L'idylle ne fleurit pas plus au pied de ces monts sévères qu'au fond de ces échoppes misérables.

Nous sommes revenus à notre campement par la fontaine dite de la Vierge, où les femmes viennent le soir puiser l'eau de la maison dans des cruches à forme antique qu'elles rapportent sur leur tête. C'est un tableau patriarcal plein de fraîcheur. C'est bien le vieil Orient, tel qu'il existait il y a dix-huit siècles.

Nazareth nous ouvre, dans la nature grande et noble qui l'environne, le plus beau livre qu'ait lu l'enfant Jésus après les saintes lettres qui furent la joie et l'aliment de son âme. Il relut avec bonheur le nom de son Père dans ce livre de la création qu'il interpréta avec autant de profondeur que les oracles inspirés, et il y découvrit sans efforts les symboles simples et sublimes des plus hautes vérités. On peut dire que la parabole prit naissance en ces lieux comme une fleur céleste éclose dans les champs galiléens.

Lac de Tibériade. Samedi 9 avril.

L'ascension du Thabor n'offre aucune difficulté. La montagne forme une sorte de môle très arrondi, que l'on atteint par une région tout à fait alpestre, richement boisée et fleurie. Sur le sommet, à côté d'une petite chapelle latine, on trouve quelques ruines dont il est difficile de connaître l'origine. La tradition qui a placé l'ascension sur cette cime est de plus en plus abandonnée; elle est, en effet, difficile à justifier, car, à cette époque mémorable de sa carrière, Jésus était dans la contrée de Césarée de Philippe. C'est six jours avant sa transfiguration que Pierre le proclama le Christ, le Fils du Dieu vivant. Or, l'Evangile a soin de nous apprendre que cet entretien eut lieu non loin de Césarée (Matth. XVI, 13, comp. XVII, 1). Cette ville, bâtie au pied du grand Hermon, était admirablement appropriée à cette scène sublime. Et pourtant le Thabor ne perdra jamais son prestige, tant le cœur chrétien s'est accoutumé à rattacher à ce nom l'un des plus grands souvenirs de la vie de Jésus. La vue du Thabor est inférieure en étendue à celle du Nebi-Ismaël. Le Liban a disparu et la mer ne se distingue plus avec netteté. En revanche on aperçoit le lac de Tibériade, et plus près tout ce qui reste de Naïn et d'Endor. En redescendant de la montagne, nous nous sommes rendus dans la plaine au campement de l'un des plus riches cheiks bédouins du pays; du fond de sa tente noire il exerce un pouvoir très étendu et il a rendu assez de services à nos nationaux pour recevoir la décoration française: c'est le fameux Achil-Aga. Nous avons été magiquement transportés en pleine vie patriarcale. D'immenses troupeaux de chameaux, de brebis et d'ânes broutent aux alentours. Les tentes sont dressées près d'un ruisseau. On nous dit que le cheik est en visite dans un campement voisin. Mais, au même moment, il débouche lui-même de la plaine. Rien n'est charmant et pittoresque comme cette arrivée du cheik et de son escorte caracolant, la lance en arrêt, sur de magnifiques juments. On nous introduit sous la tente d'honneur où de riches tapis sont étendus; le cheik a une figure mâle et fière et toute la dignité de l'homme habitué à commander. Sa réception est d'une parfaite noblesse mêlée d'un peu de froideur. De nombreux chefs bédouins, ses amis, s'asseyent à ses côtés. Le chibouk ainsi que le café passent de main en main. Le cheik parle peu et d'un ton bref; il dicte à son secrétaire, à la belle main effilée, plusieurs lettres. On lui amène son plus jeune enfant aux traits vifs et expressifs et il partage ses caresses entre lui et un chameau nouveau-né qui cherche sa mère en poussant des cris plaintifs. Au travers de l'ouverture de la tente nous voyons onduler les grandes herbes fleuries, au pied des montagnes bleues; nous entendons bêler les brebis et hennir les juments. Des esclaves noirs nous distribuent des rafraîchissements. Des cheiks remontent à cheval, d'autres arrivent; ce sont des échanges constants de saluts où les degrés d'honneur semblent se mesurer fort exactement selon le rang ou l'âge.

Nous repartons enchantés de cet aperçu de la grande vie nomade, et après avoir traversé un pays fertile et très arrosé, un dernier temps de galop nous amène au haut d'une colline; le lac de Tibériade est sous nos yeux. Qu'ajouter à ces mots? Pour moi, je n'ai pu que remercier Dieu avec effusion de m'avoir accordé cette heure. Comment rendre ce qu'inspire un tel lieu, même après Jérusalem, Béthanie et

Nazareth! Sur la rive occidentale le flot uni vient battre une grève très basse qui s'élève graduellement en pentes verdoyantes, tandis que sur la rive orientale il se brise contre des collines plus élevées, plus sévères, derrière lesquelles on aperçoit d'imposantes montagnes. Dans le fond du paysage le grand Hermon dresse sa cime majestueuse et son glacier prend des teintes pourprées ou roses sous les feux de ce beau soir; la ville de Tibériade se masse pittoresquement au bord de l'eau. Le lac était hier soir d'une limpidité, d'une transparence merveilleuse; des teintes vermeilles se jouaient sur ses flots, un voile de silence l'enveloppait tout entier. Toute vie est éteinte sur ces rivages comme pour mieux conserver la trace des pas divins qui s'y imprimèrent. Seul, sur ce calme profond, plane le souvenir sacré de Jésus; rien n'en détourne, on dirait que l'existence humaine a suspendu son cours en ces lieux depuis qu'il y a passé. Ce silence, cette solitude sont d'autant plus remarquables que cette contrée n'a rien d'un désert; la destruction qui a atteint les villes et les bourgades n'a point marqué son passage sur cette nature souriante; on n'y retrouve pas les monceaux de pierres qui désolent la Judée. L'herbe est haute, les fleurs abondent. Ce matin, de grands troupeaux se désaltéraient dans une baie toute bordée de lauriers roses. Cet arrêt de l'activité humaine dans des lieux où tout la sollicite est donc un fait tout moral et qui produit une impression d'autant plus solennelle. Quel châtiment que celui de ces villes privilégiées « élevées jusqu'au ciel, puis abaissées jusqu'en enfer; » elles ont disparu et leur lieu ne les reconnaît plus.

Néanmoins, l'idée de condamnation ne se présente pas à l'esprit près du lac de Génésareth. On se sent plutôt dans un sanctuaire où l'histoire du salut se conserve intacte. Ce n'est plus ce coffre de cèdre où la loi était enfermée; c'est une arche grandiose et naturelle formée par les montagnes qui la dérobent au monde; l'Évangile y a été déposé non comme un texte mort, mais comme un livre vivant et avec toute la fraîcheur du récit primitif. Certes, je ne suis pas disposé à affaiblir le charme de cette nature, mais c'est un charme austère et il a dû en être toujours ainsi, bien qu'à un moindre degré, même au temps où le lac était sillonné de nombreuses barques et où les villes et les villages se multipliaient sur ses bords. L'Anti-Liban n'a jamais cessé de donner au paysage ce caractère de grandeur et de majesté, les montagnes nues de la rive orientale n'ont jamais cessé de lui imprimer leur tristesse. Non, ce n'est pas une nature enivrante; elle est belle et paisible, mais elle n'a rien d'amollissant. Il suffit, d'ailleurs, pour réduire à néant ces avilissantes théories qui font sortir les religions du sol comme les plantes des terrains qui leur conviennent, de se souvenir que c'est dans cette même contrée qu'a pris naissance le mouvement le plus opposé au christianisme. C'est à Tibériade qu'ont fleuri ces fameuses écoles rabbiniques qui ont produit le Talmud. Qu'on mesure la distance du Talmud à l'Evangile, la distance qui sépare la scolastique la plus tourmentée du livre des pauvres et des enfants, qu'on se souvienne que l'un et l'autre ont eu pour berceau la Galilée, et il ne sera plus possible de soutenir la théorie des climats dans l'interprétation des grands mouvements religieux.

Ce matin nous nous sommes rendus à l'extrémité du lac, au point où le Jourdain reprend son cours après l'avoir traversé. La journée qui, depuis, est devenue accablante et tropicale, était encore fraîche; c'était le plus beau matin de printemps, l'Hermon se détachait radieux sur le ciel; une gaze dorée recouvrait les eaux. Nous avons passé au pied du mont des Béatitudes. La montagne n'est pas élevée et elle est couverte d'un fin gazon. Un grand peuple pouvait entourer le Maître. C'est en face de ce radieux horizon que Jésus a dit : « Heureux les pauvres en esprit. Heureux ceux qui pleurent! » Nous cherchons de l'œil la trace de la barque d'où il a enseigné les multitudes, et partout sur ces hauteurs nous plaçons les retraites saintes où il se réfugiait pour prier. L'appel des disciples après une longue nuit de pêche inutile, alors que le Maître s'approche d'eux sur la rive; ces malades qu'on lui apporte et qu'il guérit d'un mot et d'un regard où brillent son puissant amour; cet empressement de la foule assise sur ces prés pour l'écouter; la prompte ingratitude de ce même peuple et les douloureuses paroles de Jésus à l'heure de l'abandon; toutes ces scènes évangéliques si populaires, si vivantes, passent sous nos yeux tandis que nous en relisons le récit dans cet étroit théâtre d'une activité si miséricordieuse et si féconde! Nous redemanderions volontiers à ces monts l'écho de tant de paroles divines qu'ils entendirent, tant il nous semble qu'elles vibrent dans l'air avec leur accent primitif. Non, je ne puis me rassasier de ce lieu vraiment sacré; sans aucune superstition je m'y sens tout près de mon Sauveur, comme si je pouvais saisir aussi le bord de sa robe et l'entendre me dire : « C'est moi. Que la paix soit avec toi. » Oui, il y a ici un parfum, un souffle de cette paix d'un monde supérieur qu'il a rapportée à nos cœurs troublés.

Notre journée s'est passée dans la contemplation du lac; nous avons aussi goûté un vif plaisir en nous plongeant dans ses eaux bienfaisantes, car la température de ce vallon si profondément encaissé est vraiment de feu. Nous sommes poursuivis sous notre tente par les insectes. Vraiment on comprend que le démon se soit appelé dans ces contrées le dieu des mouches. Béelzebuth sous cette forme nous tourmente cruellement et parvient même par moment, — ô misère du corps humain, — à troubler la céleste douceur de nos émotions.

Cette après-midi nous nous sommes rendus à Tibériade. La position de la ville est superbe, mais elle est enfermée entre des ruines, ses murailles sont en partie écroulées, ses portes principales sont des brèches qui se sont ouvertes toutes seules. On reconnaît que cette cité a traversé toutes les horreurs de la guerre d'invasion au temps de la lutte suprême entre les Juifs et les Romains. Et pourtant il faudrait bien peu de chose dans une contrée si favorisée pour qu'elle retrouvât l'aisance et même la richesse. Mais elle aussi est en proie à la malédiction de l'islamisme; elle s'enferme comme tout l'Orient musulman dans une résignation stupide; sous un tel régime il ne vaut la peine de rien réparer; on se sent vaguement sur un navire qui sombre. A quoi bon commencer ce qui ne sera pas achevé? On ne relève pas un pan de muraille, on ne débarrasse pas la rue de ses immondices, et l'on végète en se chauffant au soleil; on ne croit pas à l'avenir, on se borne à croupir.

Tibériade est une des villes saintes du judaïsme à cause des souvenirs des fameux rabbins talmudiques. Les juifs forment la majorité de la population. C'était aujourd'hui le jour du sabbat; on pouvait se croire dans une des anciennes cités de Judée; partout on rencontrait les vieillards, les jeunes hommes et les enfants se rendant à la synagogue, leur Bible dans la main. Derrière une fenêtre, une vieille matrone juive lisait le saint livre avec un profond respect. Nous avons admiré plusieurs femmes parfaitement belles et présentant l'idéal du type de leur race. Malgré la mosquée qui domine Tibériade, c'est bien l'élément israélite qui y a la prépondérance et cela encore nous a reporté aux temps anciens. Ce soir le lac s'est comme attristé; les vapeurs amassées par la chaleur l'ont couvert; après l'éclat de la matinée je ne crains pas ces teintes assombries. C'est un nouvel aspect d'une nature très changeante d'apparences, puisque sa grande beauté est d'être le limpide miroir de ce qui l'entoure et de réfléchir tous les accidents de la lumière. J'aimerais connaître intimement ce petit lac, et, après un beau matin comme celui où Jésus appela le fils de Jona, voir une tempête semblable à celle qu'il calma d'un mot souverain. Ne nous plaignons pas! C'est assez de l'avoir vu!

Nous n'avons pas visité la rive orientale du

lac; nous n'avons pu que constater son aspect sauvage et abrupte. Elle est infestée par le brigandage des Bédouins. Au temps de Jésus-Christ la ville la plus importante de cette contrée était Bethsaïda, bâtie par Philippe le fils d'Hérode, tétrarque de l'Iturée, de la Trachonite, de la Gaulonite et de la Batanée. (Josèphe, *Ant.*, XVIII, 2, 1.) Il ne faut pas la confondre avec la Bethsaïda de Galilée située sur la rive occidentale et qui était la ville de Pierre, d'André et de Philippe. C'est près de la première Bethsaïda qu'eut lieu le miracle de la multiplication des pains (Luc IX, 10, Marc VIII, 22, Jean VI, 1). C'est également sur cette rive orientale qu'était le pays des Gadaréniens ou Gergéséniens, où eut lieu la guérison du démoniaque. Les grottes, qui étaient très nombreuses dans la contrée, lui servaient d'asile (Matth. V, 28; Marc V, 1; Luc VIII, 26).

Dimanche soir 10 avril. Saphed.

Nous avons découvert ce matin que nous

étions campés à côté du cimetière des juifs où sont les tombeaux de quelques-uns des grands rabbins des juifs, entre autres celui de Moïse Maïmonides. On les distingue aux caractères hébraïques des inscriptions et à un rouleau de pierres, symbole du livre de la loi. Au lever du soleil, plusieurs juifs étaient réunis auprès de l'un de ces tombeaux et y poussaient leurs gémissements cadencés. Ces monuments de la science rabbinique sont pour eux comme un second temple écroulé; ce sont toujours des morts ensevelissant leurs morts. Nous avons longé, durant toute la matinée, les rives occidentales du lac en nous arrêtant près des misérables débris qui rappellent les cités disparues. Un chétif hameau a remplacé Magdala (en arabe *Medjel*); quelques blocs de pierre près d'une source sous un figuier, c'est Chorazin (Kan-Minieh); une ruine d'aqueduc, une baraque de pêcheurs, c'est tout ce qui reste de Bethsaïda (Et-Tell); un peu plus loin voici Capernaüm (Tell-Hum), la résidence la plus habituelle de Jésus; ce n'est plus qu'une ruine informe [1].

[1] Ces désignations ne peuvent être qu'approximatives. Ici encore on ne saurait arriver à l'évidence sur aucun point. Cependant l'emplacement de Magdala et celui de Bethsaïda ne soulèvent pas d'objection. Il n'en est pas de même pour Chorazin et Capernaüm. Robinson place la première de ces villes à Tell-Hum et la seconde à Kan-Minieh. Il se fonde, 1° sur le témoignage assez vague de pèlerins qui n'avaient pas visité par eux-mêmes cette partie du lac de Tibériade, 2° sur un passage de Josèphe, qui dit que Capernaüm devait son nom à la fontaine qui répandait la fertilité dans les plaines de Génésareth (Josèphe, *Bell. Jud.*, III, 10, 8). Cette source se serait appelée Kafer-Naüm ou fontaine de Consolation. Robinson l'assimile à la source sous le figuier qui est à Kan-Minieh. Wilson et Ritter combattent son opinion par des raisons très fortes. Voici les principales : 1° La source dont il est question pouvait très bien être à une certaine distance de la ville, car rien n'était plus fréquent en Palestine que des appellations semblables. D'ailleurs la source de Kan-Minieh sort de terre tout près du lac où elle se jette. Elle ne pouvait donc arroser et féconder la plaine de Génésareth. 2° Un autre passage de Josèphe est tout à fait favorable à l'emplacement de Tell-Hum. Il nous raconte (*In Vita*, LXXII, fol. 37, éd. Haven) qu'il fut gravement blessé près de l'embouchure du Jourdain dans un combat contre les Romains. Ses soldats le portèrent dans une bourgade nommée *Cepharnome* (εἰς κώμην Κεφαρνώμην), où il passa un jour en proie à la fièvre. Le soir même on le conduisit à Tarichée, au sud de Tibériade, sur l'avis des médecins. Or il est évident que Tell-Hum est de deux heures plus près que Kan-Minieh de l'embouchure du Jourdain, et il eût été étrange que le blessé eût été porté dans un village beaucoup moins rapproché, alors qu'il était si urgent pour lui de trouver un prompt secours. 3° On peut inférer de Jean VI, 3,

Certes la malédiction que s'attirèrent ces cités a eu son plein effet. Et pourtant la nature autour d'elles est aussi belle, aussi riche qu'il y a dix-huit siècles. Rien n'égale le charme de ces bords; les lauriers roses leur font une ceinture éblouissante. La plaine de Génésareth prodigue autour de Capernaüm une fertilité devenue inutile; tout ce pays est un désert d'hommes au sein de la nature la plus luxuriante et la plus généreuse. Quelle éloquence dans ce contraste! Après nous être de nouveau plongés dans les eaux du lac, nous avons gravi la montagne qui les

que Capernaüm n'était pas loin de l'endroit où avait eu lieu la multiplication des pains racontée dans ce chapitre. Ce miracle eut lieu, d'après Luc IX, 10, près de la seconde Bethsaïda, qui était située sur la rive orientale du lac, à l'extrémité nord. Or Jean nous apprend que le peuple qui avait assisté à ce miracle rejoignit rapidement Jésus dans la synagogue de Capernaüm. Evidemment Tell-Hum, qui fait face à la Bethsaïda de la rive orientale répond bien mieux au récit évangélique que Kan-Minieh. 4° Enfin le nom de Tell-Hum lui-même est en faveur de cette supposition. *Kaphar Nahûm* signifiait le village de Nahum. Hum est une forme contractée de *Nahum*. Tell signifie colline. Or cette dernière désignation convenait parfaitement à l'emplacement de Capernaüm. (Voir toute cette discussion dans l'*Erdkunde*, XV, p. 339. Stanley laisse la question indécise. Page 384.)

surplombe. C'était un paysage sévère bien que tempéré par la vue constante du lac. Nous y avons rencontré des aigles et des gazelles. Nous avons même vu des tortues, des cigognes et l'immortel merle bleu. Il faut rendre les armes, la *Vie de Jésus* de M. Renan n'est pas un roman au point de vue de ces gentils animaux.

Avant de quitter le lac de Tibériade je me plais à citer ce beau passage de Ritter qui résume admirablement les impressions du voyageur chrétien : « C'est, dit-il, un lac sacré dans le pays glorieux de la promesse et des divins accomplissements, le théâtre paisible de la carrière du Rédempteur à ses débuts, le berceau de son enseignement, la patrie de ses disciples, sa retraite préférée, quand il se dérobait à ses ennemis; ses miracles et ses sublimes enseignements ont consacré ces solitudes. Le charme de ce paysage subsiste encore aujourd'hui et se reflète dans le simple récit des évangélistes; nous sommes reportés à la vie de ses bords par la parabole du filet, par celle de la brebis perdue, par la comparaison de la bergerie et la belle image des lis. Ces fleurs plus éclatantes que la pourpre de Salomon abondent encore sur ces rives[1]..... »

Vers la fin du jour le ciel s'est voilé; espérons qu'il s'éclaircira, car un magnifique panorama s'étend sous nos yeux; nous avons pu seulement le deviner sous la brume. Une parole de Jésus retentit puissamment dans mon cœur ce soir de dimanche; c'est celle que sur la grève de Tibériade il adressa à Pierre : M'aimes-tu? — Tout en ces lieux la redit avec douceur et force.

Saphed, qui se voit de tous les points du lac de Tibériade et des collines environnantes, est probablement cette ville sur la hauteur dont Jésus a parlé, car il l'avait devant lui dans son discours sur la montagne. Elle est devenue l'un des centres les plus importants de la science rabbinique dans le passé et elle est restée en grand honneur parmi les juifs.

[1] *Erdkunde*, XV, p. 290

Mardi soir, 12 avril.

Nous sommes de nouveau en pays alpestre. Hier nous avons traversé les montagnes de Nephthali, tantôt boisées et arrosées, tantôt sauvages et abruptes. Elles font face au grand Hermon dont la cime neigeuse se dressera longtemps devant nous. Nous nous sommes arrêtés à Kedesh, la ville principale de Nephthali — la patrie de Barak. — Deux vastes sarcophages transformés en abreuvoirs au milieu d'un verger nous ont rappelé en pleine solitude une civilisation disparue qui a dû avoir un certain éclat à en juger par les ruines majestueuses qui plus loin arrêtent nos regards. Aujourd'hui nous avons traversé une ravissante contrée; c'étaient les dernières pentes des collines de Nephthali semées de bocages verdoyants et parfumés; nous dominions la plaine du Jourdain traversée par le fleuve qui se perd dans le lac Mérom. Le grand Hermon fermait l'horizon avec son magnifique glacier. Le dernier village de ces montagnes (Hounin) possède une ruine majestueuse de je ne sais quel édifice qui réunit plusieurs styles d'architecture appartenant aux époques les plus diverses. Après avoir traversé la plaine nous avons fait halte au bord du Jourdain qui bondissait en petites cascades parmi les lauriers roses. Un vallon charmant de fraîcheur et de végétation luxuriante nous conduit à Tell-el-Kadi où était située l'antique Dan, ville fondée par une cohorte hardie de la tribu de Dan, dont le territoire était près de la côte sud-ouest. Dan était la frontière nord du pays d'Israël. Il ne reste de cette ancienne ville que quelques pierres taillées sur une colline couverte de broussailles d'où plusieurs petits ruisseaux épanchent une eau abondante et pure qui va former dans la prairie un vaste bassin. Nous avons là l'une des trois sources du Jourdain. On ne compte qu'une demi-heure de marche de Dan à Banias. Stanley a parfaitement caractérisé cette contrée en l'appelant le Tivoli syrien, car les cascatelles y sont innombrables. La source du Jourdain se déverse en plusieurs filets d'eau qui répandent la fertilité dans une plaine riante. La Banias actuelle n'est qu'un misérable hameau, mais les ruines de l'ancienne ville, qui n'était autre que Césarée de Philippe où Jésus se rendit avec ses disciples et donna au fils de Jona le beau nom qui désignait son rôle d'initiative courageuse dans l'Eglise primitive, sont certainement les plus remarquables que nous ayons encore rencontrées en Palestine; des fragments de colonnes et des pierres gigantesques gisent le long des pentes d'un vaste ravin où gronde et écume une belle eau courante, tandis qu'une végétation splendide recouvre de toute part les débris. Au haut de la montagne qui domine Banias on trouve les ruines colossales d'un antique château dont les premières assises remontent aux Phéniciens et les dernières aux croisés. Les Romains ont aussi passé par là; leur main puissante se révèle dans la tour colossale qui a défié les siècles. On reconnaît là les restes d'une immense forteresse où s'étaient superposées plusieurs civilisations. La vue est splendide de ce sommet. D'un côté, on voit le riche plateau de Basçan avec sa ceinture de bois touffus, de l'autre, les pentes inférieures de l'Hermon ; en face se dressent les gracieuses montagnes de Nephthali, tandis que le Jourdain serpente dans la plaine brûlante qui porte son nom, et disparaît dans le bleu lac de Mérom. Ce paysage si animé, si verdoyant, si arrosé, forme un contraste complet avec la sévère Judée. Malheureusement le pays est infesté de voleurs. Nous en avons eu la preuve lors de notre visite au château. Dans ses ruines niche toute une famille de vrais sauvages, qui ne ressortissent d'aucune autorité. Ils nous ont demandé de l'argent d'un ton qui ne permettait pas une réponse favorable; sur notre refus, ils ont passé des sollicitations aux menaces et ils ont lancé contre nous un méchant chien qu'ils excitaient tout en nous bombardant de pierres. Nous n'étions que deux, W... et moi, et nous n'avions d'autres armes qu'une mince cravache. Il était assez imprudent de se lancer ainsi dans ce pays perdu à cette heure tardive. Nous n'avons pu tenir en respect nos assaillants qu'en ramassant à notre tour de gros cailloux.

La plus grande curiosité de Banias est la fameuse source du Jourdain, la seconde après celle de Tell-el-Kadi ou de Dan. Elle sort du pied de la montagne, qui forme en cet endroit une haute paroi calcaire; on y remarque plusieurs niches taillées dans le roc et surmontées d'inscriptions grecques à peu près illisibles. C'est là que la tradition place la grotte de Pan, qui avait donné son nom à *Banias* ou *Paneas*. La source se déverse dans un vaste bassin semi-circulaire, d'où jaillit un fort ruisseau qui arrose le village et se précipite dans le ravin des ruines.

Nous voulions gagner Damas par la voie la plus directe, mais tel n'était pas le plan de nos moukres, qui sont bien aises de nous exploiter deux jours de plus. Aussi ont-ils inventé de multiplier les périls sur la route que nous préférions; à les entendre, il n'y a que vol et assassinat dans ces régions. Ils y placeraient des tigres s'ils l'osaient, et diraient volontiers comme le paresseux des *Proverbes* : Le grand lion est dehors, on ne peut sortir. Je crois fermement que nous n'avons à craindre d'autres voleurs sur le chemin que nos honorables serviteurs; mais nous n'avons aucun moyen de les faire marcher à notre guise, car notre contrat a été conçu à leur point de vue. C'est charmant de faire ses repas régulièrement, mais le meilleur assaisonnement nous manque, c'est la liberté! Ce soir nous avons l'âme noire. Le Guide de Murray prétend que la localité où nous couchons est hantée de nombreux scorpions. Cela fait cruellement travailler notre imagination. Nous ne rêvons que reptiles. L'un de nous prétend en avoir trouvé un dans son lit et son lit touche au mien! — Peu s'en faut que je ne me sente piqué. Tout rampe autour de moi. — C'est une obsession. — Maudites bêtes! ou plutôt maudit livre qui les crée dans notre esprit et va nous empêcher de dormir!

# DE BANIAS A ÉPHÈSE

Mercredi soir 13 avril. Hasbeya.

Après avoir admiré une fois de plus les charmantes cascatelles de Banias, nous avons repris notre voyage au travers du *Wadi-et-Tim*, vallée qui continue vers l'ouest celle du Jourdain et présente le même aspect. Elle nous a conduits aux pentes inférieures de l'Hermon en plein Anti-Liban. L'amphithéâtre des montagnes est très imposant, les pentes sont couvertes d'oliviers élancés. Un profond ravin traverse le paysage et y multiplie les accidents de terrain les plus hardis. Au bord du ravin, sur une éminence d'où tout l'horizon alpestre est entrevu d'un coup d'œil, on trouve les ruines très bien conservées d'un temple de Baal. C'est un carré composé de pierres énormes superposées les unes sur les autres sans ciment. Il ne s'en dégage que l'idée de la force massive, de cette puissance matérielle sous laquelle les vieux cultes de la nature courbaient l'âme humaine. Ce monument de cette sanglante et sauvage religion, contre laquelle les prophètes eurent tant à lutter, m'a offert un vif intérêt, — sans parler du pittoresque incomparable de la situation. La ville d'Hasbeya, près de laquelle nous sommes campés, dans un ravissant jardin d'oliviers, est suspendue aux flancs d'une montagne; elle porte encore les traces des massacres de 1860. — Tout rappelle qu'elle a été mise à feu et à sang.

Vendredi soir 15 avril. Dimas, dernier campement sur la route de Damas.

Des lettres! des lettres! un mot seulement qui vienne de France! voilà l'une de mes impressions de voyage les plus vives pendant le cours de cette semaine. Avec notre vie nomade les communications sont interrompues pour quatre semaines à peu près, — quelle éternité ! Je n'ose trop m'appesantir sur ce côté du voyage, car alors le mal du pays me prend, et adieu le ravissement des yeux quand le grand vide se creuse dans l'âme !... Mercredi soir nous avons passé une heure bien belle au pied de la cascade qui jaillissait non loin de notre campement de Hasbeya, en face du glacier qui domine le paysage. Certes, j'ai vu de plus admirables cascades et des glaciers plus imposants. Mais cette petite cascade était l'une des sources du Jourdain, et ce glacier était l'Hermon, la montagne probable de la transfiguration. Hier matin nous sommes partis dès l'aube, avec W. pour une excursion qui devait singulièrement allonger notre course du jour. En vain drogmans et moukres avaient-ils déclaré notre projet impraticable ; nous avons tenu bon et nous sommes allés aux fameuses gorges du *Leontes*, l'un des quatre fleuves de la Syrie. Nous avons commencé par escalader un vrai sentier de chèvres et de gazelles du plus rude escarpement, que nos chevaux ont néanmoins lestement gravi. De la hauteur, nous avons aperçu d'immenses parois de rochers, entre lesquelles coule le fleuve, mais nous voulions mieux encore, nous voulions contempler le pont naturel dont Robinson a fait une si belle description. Nouveau débat, nouvelles protestations de nos guides, qui nous envoyaient au diable avec notre infernale curiosité. Nous avons opposé à ces réclamations le froid silence d'une invariable détermination : ce qui était d'autant plus facile que notre moukre parlait ou plutôt hurlait arabe. Notre fermeté a été amplement récompensée.

Après avoir grimpé une côte impossible, nous avons trouvé un guide au village d'El-Kouveh, perché dans les nuages. Une demi-heure de marche nous a conduits au pont naturel. C'est incontestablement ce que nous avons admiré de plus pittoresque en Syrie. Les vertes collines sont remplacées par de gigantesques rochers dénudés formant un sauvage amphithéâtre derrière lequel se dresse le Liban dans sa majesté. C'est entre ces rocs hauts comme des montagnes que coule le fleuve, à une profondeur vertigineuse. Son cours est intercepté par un pont naturel formé sans doute de pierres détachées des rocs environnants, qui se sont tassées les unes sur les autres et qu'une épaisse végétation a recouvertes. L'eau se perd sous cet entassement et reparaît au delà écumante et bondissante. On retrouve à chaque pas ces pierres énormes qui rappellent de mystérieux cataclysmes; on dirait le théâtre tourmenté de quelque lutte titanique avant l'histoire de l'humanité. Tout l'ensemble de cette scène est d'une grandeur terrible qui saisit fortement l'âme et élance l'imagination hors des limites du connu. — Le ciel, resserré entre toutes ces sommités rocheuses, était sillonné de nuées orageuses, et les échos du Liban nous renvoyaient le sourd mugissement du tonnerre. Il y avait un admirable accord entre cette lumière rougeâtre et bizarre et la sombre beauté du paysage; nous avions là une sorte de *Via Mala* syrienne, mais sur les plus vastes proportions.

Certes l'orage mettait de l'à-propos à gronder dans le lointain, mais son dessein n'était nullement de nous préparer une simple satisfaction d'artiste. Il nous l'a bien montré, car tandis que nous regagnions le village où étaient restés nos chevaux, il a fondu sur nous en grêle épaisse; à peine étions-nous en selle qu'un vrai tourbillon de neige nous aveuglait pour être bientôt remplacé par une pluie torrentielle, qui nous mouillait jusqu'au fond des os. Pendant une rapide éclaircie, nous avons reconnu que nous traversions une superbe montagne au pied du glacier, qui nous apparaissait toutes les fois que le vent fouettait les nuées. Soudain, nous avons vu cinq charmantes gazelles courir dans les prairies sur la neige fraîche. Mais bientôt, sous les rafales et les ondées, nous n'avons plus eu qu'un désir, celui du gîte. Nous l'avons atteint vers cinq heures; nous avons retrouvé nos compagnons, qui de leur côté avaient reçu une dose raisonnable d'eau sur le corps. Heureusement on n'avait pas dressé nos tentes, car par un tel temps elles eussent achevé notre immersion; nous avons reçu l'hospitalité chez un chrétien maronite de Racheya. Peindre le délice qu'on éprouve à se sécher à un bon feu de sarments après une telle journée est au-dessus de ma capacité, mais cela est plus facilement compris qu'exprimé. Racheya est une petite ville de quelques milliers d'habitants en majorité chrétiens, bâtie sur la hauteur, au centre des montagnes de l'Anti-Liban. Elle a été le théâtre d'effroyables cruautés lors des massacres des Druses. Une femme qui avait dû être d'une grande beauté, mais qui portait sur ses traits l'expression de la désolation, était assise au foyer de nos hôtes; l'un de nous lui a demandé où étaient ses enfants. Sa main a montré le ciel. Les Druses avaient brûlé sa maison et assassiné son mari et ses fils. Il ne lui restait plus qu'une frêle enfant de quelques années sur laquelle se concentrait toute sa tendresse. Nous avons ainsi comme touché du doigt ce crime abominable qui a excité tant d'indignation, mais qui a été si vite oublié, jusqu'à ce qu'il ressorte tout sanglant des cendres mal éteintes du fanatisme musulman. Mais il en est qui ne peuvent oublier... Ce sont ces veuves et ces orphelins. Pour eux « c'est toujours hier, » et on ne passera jamais à l'ordre du jour sur les événements de 1860 dans les montagnes de la Syrie.

Ce matin la lutte entre Ormuz et Ahriman a tourné à l'avantage du premier, à notre très vive satisfaction, car nous redoutions un nouveau jour de captivité. Nous avons encore traversé un pays de montagne, toujours au pied de l'Hermon, admirant les formes variées et pittoresques des rochers qui s'élancent en pyramides, en tours carrées, ou s'étagent en cirques naturels. Notre halte du milieu du jour s'est faite à Deïr-el-Ach-hâyir, village qui sert de quartier général et de refuge aux Druses dans les moments difficiles. Les quelques masures qui la composent sont, en effet, cachées entre les montagnes qui l'enserrent de toutes parts. Ces masures sont construites avec les débris d'un temple colossal, l'une des plus splendides ruines de cette portion de la Syrie. Le soubassement est à lui seul une œuvre d'art considérable. Plusieurs colonnes du plus pur style ionique subsistent encore. Les fragments des autres colonnes jonchent les prés environnants. On n'a aucune donnée sur la destination de ce temple. Comme nous galopions dans la plaine qui aboutit à la route de Damas, nous avons soudain rencontré au détour de notre chemin la diligence de Beyrout. Ce souvenir de l'administration Lafitte et Caillard ne laisse pas que d'être piquant à deux pas du désert. Demain nous saluerons cette merveilleuse Damas dont Mahomet ne voulait pas franchir les portes, parce qu'on ne saurait entrer deux fois en paradis.

Damas. Mardi 19 avril.

Nous voici depuis trois jours tout à la fois à Damas et en France, car nous sommes au consulat français, y recevant la plus aimable, la plus bienveillante hospitalité, y retrouvant avec joie cette facilité charmante de relations, cette bienveillance cordiale et ouverte, cette conversation spirituelle et accidentée qui fait jaillir mille étincelles des points qu'elle effleure, ou plutôt qu'elle touche aussi vivement que rapidement. Nous avons bien retrouvé l'air natal, — nous sommes décidément en France. Pas n'est besoin des couleurs nationales pour nous l'apprendre. La maison que nous habitons est une merveille. C'était l'ancien palais du confident d'Ibrahim-Pacha, qui paya de sa tête cette dangereuse intimité; il est vrai qu'on avait surpris de secrètes intelligences entre lui et le sultan dans la période la plus critique de la lutte entre l'Egypte et la Porte. Cette maison, l'une des plus somptueuses de Damas est un modèle exquis du luxe oriental et spécialement du luxe damasquin. Elle est fort laide à l'extérieur, mais quand on a franchi l'obscur couloir qui introduit dans la cour, on va de surprise en surprise. Cette cour, pavée de marbre, est très vaste; elle est rafraîchie par un bassin creusé au centre qu'entourent de beaux orangers. Le divan est sous une petite voûte où l'ombre est permanente; tout autour sont disposées les principales pièces de la maison. Dans le grand salon, où jaillit un frais jet d'eau, on retrouve cette ornementation riche et variée qui caractérise le style arabe: le plafond et le pavé sont en mosaïque; deux niches creusées dans la paroi où l'on dépose les porcelaines précieuses sont enjolivées avec un soin particulier. Le soleil ne pénètre pas les épaisses tentures de soieries et tout bruit meurt sur les tapis moelleux. Le petit salon ou le boudoir est plus merveilleux encore : c'est un véritable écrin; le plus brûlant soleil n'y peut faire parvenir un seul de ses rayons; la fontaine arabe se joue avec une grâce infinie entre la mosaïque du plancher et celle du plafond; l'imagination s'égare au travers de ces lignes bizarrement entre-croisées.

Nous avons été conduits hier dans la fameuse maison d'Aly-Bey; le style antique y a conservé toute sa pureté. La cour est beaucoup plus belle qu'au consulat; on dirait un admirable cloître italien. Le grand salon est comme un sanctuaire d'élégance, de luxe grandiose; il est du style arabe le plus exquis et rappelle l'Alhambra. Tout était calculé, dans ces ravissantes demeures, pour la vie voluptueuse, pour le repos et l'engourdissement de l'esprit dans la molle satisfaction des sens.

Le *kief* musulman n'est pas la nirvana du bouddhisme indien; c'est l'anéantissement, non par l'ascétisme mais par un sensualisme raffiné. Il a, sans doute, ses crises de sang et d'orgie, mais pour retomber bientôt dans la langueur enivrée du harem. En foulant ces tapis, en respirant cette asmosphère tiède et parfumée, et surtout en contemplant les traits fins et fatigués des hommes de ce pays, on comprend que l'islamisme, une fois la période de conquête écoulée, n'est qu'un long suicide moral.

On ne peut se représenter jusqu'où va la dissolution morale que recouvrent ces élégances. La colonne de la société, celle qui doit porter l'édifice et en faire un sûr abri, je veux dire la justice, n'existe pas; le droit n'est ici qu'un odieux mensonge. Les autorités vendent leur protection au plus offrant, et la loi, au lieu d'être le bouclier du faible, est un piége où le riche prend le pauvre. De là une défiance universelle, et l'absence de toute sécurité dans les transactions. Une piquante anecdote donne la mesure de cet étrange état social. Un Franc fut récemment outragé dans les rues de Damas; plainte fut portée au pacha. « Comment était-il vêtu? demande-t-il, avait-il le chapeau ou le fez? — Il avait le fez. — Alors il n'y a rien à faire, on l'a pris pour un Turc. » Or un Turc outragé c'est une bagatelle à laquelle on ne fait pas attention. Si l'outrage s'était adressé à un étranger, c'eut été bien différent ! Le gouvernement qui n'assure pas le droit à ses subordonnés n'a pas même la force pour lui; on en a eu une preuve frappante ces derniers jours. Le pacha de Damas, qui a vingt mille hommes de troupes sous son autorité, a dû capituler avec les Bédouins et payer la rançon ordinaire pour sa personne, afin de faire sans péril un voyage d'inspection dans sa province. Le pacha actuel est un homme honnête et intelligent, mais au sein d'une telle impuissance il n'a qu'à se résigner à fumer son narguilhé et à s'envelopper d'une impénétrable fumée. Ainsi s'étiole doucement, mais sûrement, dans un repos mortel et corrupteur cette race bien douée, fine, intelligente, vive par nature. Elle périt sous la malédiction d'une religion sans morale qui n'est que la sanction de ses vices. C'est pourtant de ce milieu de volupté et de langueur que s'élance parfois le fanatisme musulman, comme un tigre longtemps endormi dont les ongles ont repoussé. On peut voir les traces de ses torches et de son cimeterre dans les affreuses ruines du quartier chrétien. Quand on pense que cinq mille victimes furent immolées en quelques jours, que le massacre fut organisé, commandé, préparé par les autorités, et qu'avant d'être une furie populaire il fut un froid calcul de politique, on se demande comment il est encore possible que la Turquie ait un apologiste et un soutien dans les conseils de l'Europe.

Pour en finir avec les maisons de Damas, je mentionnerai encore quelques maisons juives. Elles sont dans le même style que celles que j'ai décrites, — avec un plus grand luxe de marbre dans la cour. Dans l'une d'elles on nous a montré deux admirables manuscrits de l'Ancien Testament, l'un sur parchemin enfermé dans des rouleaux d'argent, l'autre semblable aux manuscrits du moyen âge, avec des ornements dorés parmi lesquels figurent tous les ustensiles sacrés du temple.

Il est temps de s'élever du particulier au général et de passer des maisons à la ville elle-même. Le premier aspect de Damas est certainement ce que la Syrie a de plus féerique. On gravit une montagne crayeuse; soudain, sans transition, on a sous les yeux un spectacle enchanteur et grandiose. Derrière soi on a encore les neiges de l'Hermon. Sur le fond rougeâtre du désert qui entoure la ville de toute part, et dont l'étendue sablonneuse n'est coupée que par une ligne de montagnes bleues, se détache la plus fraîche oasis, arrosée par un fleuve aux mille sinuosités. Au milieu de ces jardins innombrables, dans chacun desquels coule un filet du *Barada*, s'élance vers le ciel une vraie féerie arabe. On aperçoit un long ruban de blanches maisons, parmi lesquelles on distingue toute la variété des constructions orientales, les dômes élégamment arrondis, les minarets élancés, et avant tout la masse imposante de la grande mosquée. C'est Damas. Cette fraîche nature mêlée aux aridités du désert forme un de ces contrastes tranchés, absolus, qui font les plus grandes beautés de la nature. On entre dans la ville par les jardins, au bruit des mille ruisseaux et des cascades innombrables qui répandent à profusion les bienfaits du fleuve. Au moment de notre arrivée la population se pressait au bord de la rivière comme en un jour de fête. Les femmes étaient en longs voiles blancs; les hommes, en costumes bariolés, fumaient le narguilhé dans les cafés ou bien caracolaient sur de beaux chevaux. L'habit européen est plus rare à Damas qu'au Caire; on s'y trouve en plein Orient. Il faut néanmoins reconnaître que l'intérieur de la ville ne vaut pas la capitale égyptienne. Les rues sont étroites et sales, et les bazars, quoique très animés, sont bien moins spacieux et paraissent moins riches. On y remarque un très beau khan d'un style arabe et plusieurs caravansérails élégants. Mais il n'y a pas à Damas de brillant et tumultueux muskir. La grande mosquée, longtemps fermée aux chrétiens, s'est ouverte pour nous ce matin. On y reconnaît de suite l'ancienne basilique chrétienne à trois nefs. La cour est très spacieuse et se termine d'un côté par de gracieuses arcades. Cette mosquée est certainement le monument le plus imposant de Damas.

Nous avons parcouru la rue « *qu'on appelle Droite*, » où Ananias baptisa Paul de Tarse. Damas est un lieu particulièrement sacré pour les chrétiens, car c'est en touchant le sol de cette ville que le christianisme devint la religion du monde et brisa toutes les lisières du judaïsme, pour prendre ce grand élan qui devait le conduire aux bouts de la terre et qui le ramènera infailliblement en ces mêmes lieux épuré et rajeuni. Quelle date dans l'histoire de l'Eglise que cette arrivée de Paul à Damas et que cette consécration à ce large apostolat dont nous, les fils de l'Occident, procédons tout particulièrement !

De toutes les ruines que j'ai rencontrées, la plus triste est celle que j'ai vue aujourd'hui, car c'est une ruine repeinte. Je veux parler de la fameuse aventurière qui, après avoir été vice-reine de l'Inde, puis maîtresse attitrée de princes et de rois, achève sa carrière sous la tente noire d'un jeune Bédouin du désert de Palmire, qu'elle a épousé, il y a quelques années, sur ses vieux jours.

Beyrout, 25 avril.

Passer près d'un mois sans nouvelles de la patrie, arriver tout palpitant d'attente fiévreuse pour se heurter contre une porte fermée à la poste, voilà certes une des plus pénibles impressions de voyage qu'il soit possible de recueillir sur sa route! Cette impression avait été précédée d'une émotion vraiment cruelle, qui heureusement a été promptement dissipée. Aux portes de la ville, nous avons rencontré nos anciens compagnons de voyage de la caravane française; l'un d'eux m'accoste en me disant qu'une dépèche du consulat était arrivée le matin même pour moi. Là-dessus mon imagination de travailler et de courir cette poste diabolique qui conduit si vite aux pires suppositions. Heureusement qu'à peine arrivé à l'hôtel j'ai constaté que la dépêche ne venait pas du consulat, mais de la frégate *l'Impétueuse*, en rade à Beyrout. Le commandant, que j'ai connu autrefois, a la bonté de se souvenir de moi et de me souhaiter la plus cordiale bienvenue. Mais mes lettres, mes lettres! Il faut pourtant se résigner à attendre quarante-huit heures. Faisons-nous une raison, chassons les fantômes! Aussi bien le temps a marché, et cette mer bleue, c'est le chemin de la patrie.

Je reprends le fil de mon récit. Nous sommes repartis de Damas mercredi matin, pleins de reconnaissance pour la réception si gracieusement aimable du consulat. Nous avions le projet de pousser jusqu'aux Cèdres notre tournée du Liban, mais la pluie en a décidé autrement. Elle nous menaçait depuis plusieurs jours, et nous espérions en être quittes pour la peur; mais nous avons eu l'honneur d'inaugurer les bienfaisantes ondées du printemps sans pouvoir partager la satisfaction des agriculteurs. Cependant nous avons été épargnés pendant les deux premiers jours de notre nouveau voyage. Nous avons traversé une portion des plus pittoresques de l'Anti-Liban, au travers de hautes montagnes toujours dominées par l'Hermon et au milieu de plaines verdoyantes arrosées par le Barada, qui nous ont plus d'une fois rappelé la végétation de nos climats. La fertilité suit de très près les sinuosités du fleuve; elle va mourir à quelques pas au delà dans les pierres et dans les sables. Le Barada bondit fréquemment en blanches cascades du plus gracieux effet. La plus belle est la fontaine de Fidjeh, au pied d'un temple en ruine; elle est encadrée de roches immenses et épanche à flots étincelants une onde abondante. C'est l'une des sources principales du fleuve de Damas. Plus loin, à Zebdani, il crée une nouvelle oasis. Vendredi (22 avril) nous sommes partis, dès cinq heures du matin, sous des torrents de pluie pour gagner Ba'lbek de bonne heure. Le ciel n'était qu'une vaste ardoise sur laquelle nous lisions mélancoliquement : Pluie! pluie! Galoper sur des pierres mouillées et glissantes et sous une averse persistante, est un pauvre plaisir. Heureusement, à peine arrivés à Ba'lbek, nous avons pu saisir au vol une éclaircie. L'après-midi l'humide rideau a été déchiré par quelques vifs rayons, qui nous ont permis de voir les cimes neigeuses du Liban en face des ruines, mais il ne nous a pourtant pas été possible de contempler, au travers de ces merveilleux débris, le bleu ciel et la radieuse lumière que ces pierres dorées ont bue depuis tant de siècles et se sont comme assimilée. Nous n'en avons pas moins considéré notre journée à Ba'lbek comme l'une des plus belles du voyage. Les descriptions nombreuses et enthousiastes de ces ruines n'ont pas exagéré l'effet qu'elles produisent. Après le Colisée de Rome, je n'ai rien vu d'aussi imposant. Ba'lbek, ou Héliopolis, était une ville assez insignifiante, qui n'a guère marqué qu'au temps de la décadence romaine. On peut se représenter, par ce qui reste de cette cité sans gloire, avec quelle magnificence le paganisme se parait avant de mourir. Les temples de Ba'lbek remontent, du moins pour leur construction définitive, au temps d'Antonin le Pieux. L'acropole de la ville était entièrement isolée et placée sur une éminence, entourée de murs gigantesques dont les pierres appartenaient à cette architecture phénicienne qui a mérité le nom de cyclopéenne par son génie colossal. Trois temples s'élevaient sur cette acropole : un temple circulaire, dont il ne reste que quelques cellules très ornées; celui de Jupiter, qui a conservé une grande partie de son portique et sa *cella* tout entière, avec son architrave ornée à l'excès, ses colonnes cannelées et tout un luxe de décoration éblouissant; enfin le vaste temple du soleil, dont on reconnaît facilement la disposition grandiose. Il était précédé par un péristyle conduisant à un vaste hexagone à colonnes et à cellules; une grande cour carrée aboutissait au sanctuaire : c'est à cet édifice qu'appartenaient les cinq splendides colonnes qui élançent à une hauteur surprenante une masse énorme de pierres aussi finement ornées que s'il se fût agi d'un temple aux proportions réduites. Le caractère propre de cette architecture est précisément ce mélange de l'immense et du gracieux, du gigantesque cyclopéen et de l'élégance raffinée d'un art en décadence, mais toujours en possession des plus merveilleux procédés. Nulle part la feuille d'acanthe corinthienne n'a été découpée avec plus de délicatesse que dans ces blocs aux dimensions écrasantes. Quand on a étudié ces trois temples avec détail, il faut s'abandonner librement à l'impression que produit ce magnifique ensemble. Ce qui est à terre, renversé et entassé, est aussi admirable que ce qui est debout. Tandis que les cinq colonnes de la *cella* du grand temple se dressent majestueuses devant le regard, au pied des colonnes isolées restées debout, le sol est jonché de débris énormes où l'on retrouve toute les formes imaginables de l'architecture grecque et qui forment un magnifique pêle-mêle. C'est la ruine d'une cité entière, la ruine telle qu'on l'a rêvée, avec son désordre, sa poésie, sa grandeur; deux civilisations sont réunies dans ce tombeau sublime;

les vieux cultes de la nature, qui ont si longtemps retenu l'Asie captive, mêlent les débris de leur architecture colossale aux formes exquises que le génie grec a enfantées en se jouant. Le printemps jette sa jeune verdure comme une ironie sur tout ce passé trois fois mort. Les chameaux et les brebis paissent l'herbe qui croît autour des colonnes et des chapiteaux. Qu'on se représente la blanche chaîne du Liban en face de cette cité renversée; qu'on réunisse, par la pensée, tous ces contrastes, et l'on comprendra quel saisissement l'on éprouve devant un tel spectacle. Nous avons campé dans l'église grecque, aujourd'hui abandonnée, qui avait été construite près du temple de Jupiter. Malheureusement la lune, qui devait être dans son plein, s'est refusée à éclairer l'acropole. Ne nous plaignons pas, nous en emportons un profond souvenir; aussi était-il difficile de nous arracher de ces lieux. Pourtant il fallait partir, malgré la pluie; elle nous a tenu fidèle compagnie, tandis que nous traversions une plaine insipide coupée de ruisseaux grossis que nous devions passer à gué. Zahleh, petite ville au pied du Liban, a été notre dernier campement. Nous en avons gardé de cuisants souvenirs, car nos tentes étant restées en arrière, nous avons dû coucher sur des tapis presque animés, où nous avons goûté un sommeil troublé. Au reste, j'ai trouvé un grand intérêt, abstraction faite des insectes, dans nos haltes sous le toit des villageois arabes. A peine installés au coin de l'âtre, nous étions entourés de toute la population du hameau, qui nous considérait avec une avide curiosité que nous lui rendions bien. Nous avons trouvé chez tous ces fellahs de la bienveillance, de la douceur et toujours une certaine distinction. N'était la malédiction du joug musulman, cette race se relèverait promptement.

Dimanche nous avons atteint notre dernière étape, qui était Beyrout, avec une rapidité foudroyante au travers d'un chemin de montagne; un vent violent nous fouettait le visage et nous envoyait de vrais ouragans de grêle. Nous avons eu cependant de belles éclaircies, qui nous ont permis d'admirer les sublimes paysages du Liban. La montagne se déroule en sinuosités profondes où abondent les frais vallons. Plusieurs heures avant Beyrout la Méditerranée scintille à l'horizon; plus on se rapproche de la ville, plus le paysage toujours grandiose se pare de grâce et de fraîcheur; les dernières pentes du Liban s'abaissent doucement vers le littoral en se couvrant d'oliviers, de mûriers et de ces beaux pins parasols qui enchantent les plaines italiennes. Nous arrivons vers le soir à Beyrout; toute la population endimanchée se presse sur la belle promenade de pins. Nous sommes parfaitement installés à l'hôtel de l'*Univers* et nous trouvons que la civilisation a du bon après un mois de campement.

Nous avons dit adieu aux drogmans et aux moukres. Avant de m'en séparer je veux m'en venger, en les peignant comme Tacite a peint les empereurs romains. Ce n'est certes pas que notre brave Joseph, le chef ou l'entrepreneur de notre caravane, ait le tempérament d'un tyran ; c'est un brave garçon, qui est infiniment trop humain pour ses subordonnés, si bien que nous avons dû fréquemment passer par les fantaisies de ceux-ci. Les disputes des moukres, leurs cris inhumains dès l'aube nous ont terriblement fatigués; leur saleté ne nous a pas moins dégoûtés et leurs caprices nous ont tentés à de violentes colères. Ces Messieurs trouvaient mauvais que nous missions nos chevaux au galop ; ils grognaient quand les journées de voyage dépassaient six heures; si nous ne sautions pas du lit à l'heure qui leur convenait, ils faisaient irruption dans la tente et peu s'en est fallu parfois qu'ils ne nous pliassent avec elle dès cinq heures du matin. S'il nous plaisait d'aller voir une ruine à quelque distance du chemin classique, nouvelles protestations. Enfin ils ont couronné leurs méfaits en refusant décidément de quitter samedi Ba'lbek, malgré nos arguments de tout genre. Nous sommes partis furieux, mais vaincus par leur obstination, laissant notre bagage en arrière. Ils comptent trop sur leur costume pittoresque pour racheter tous ces désagréments. Nous avions pour consolation Nadir, notre cuisinier, petit homme vif, original, d'une mimique expressive, toujours prêt à jeter son bonnet en l'air quand on le mettait en colère. Je ne comprends pas comment nous avons pu éviter de manger ce bonnet dans notre soupe ou dans nos ragoûts. Nous sommes ravis d'en avoir fini avec la vie nomade et de retrouver les communications rapides. Cependant l'état de la mer nous inquiète, elle est fort agitée et nous prédit de cruelles heures. M. de Chaillé, commandant de la frégate *l'Impétueuse*, qui a eu la bonté de me faire aujourd'hui une visite charmante, a bien voulu me proposer de me conduire à Saïda (l'ancienne Sidon). Ce serait fort agréable, mais je crains de payer son hospitalité d'une manière maussade, aussi je recule devant cette séduisante proposition. Et cependant qu'elle était belle ce soir, cette mer terrible, tandis que nous regardions le soleil mourir dans son sein. Les vagues venaient se briser sous une brise énergique contre les rochers du rivage avec une sorte de joie furieuse; l'écume, irisée par les rayons du couchant qui teignaient en violet de gracieux nuages, jaillissait à une hauteur étonnante devant nous, tandis que le Liban se dégageait des brumes colorées. Si notre admiration pouvait solder notre dette envers cette terrible capricieuse, nous serions sûrs d'arriver sans souffrance à Constantinople. Nous verrons bien! Nous nous sommes accordés aujourd'hui le luxe d'un bain turc. L'établissement est tout pavé en marbre et décoré d'élégantes colonnades. Après le bain de vapeur et les frictions on fume le narguilhé, on boit le café. Cela reporte quelque peu aux fameux bains des anciens. Il y a là un côté de la vie orientale curieux à saisir; c'est l'un des moyens préférés de se procurer le kief.

Lundi 2 mai, à bord de l'*Europa*, du Lloyd autrichien, en face de Chypre.

Notre temps s'est fort bien passé à Beyrout

bien que des dépêches venues de Paris aient empêché la course projetée à Saïda sur la frégate *l'Impétueuse*. Nous nous en sommes dédommagés en visitant en détail ce beau bâtiment, dont le commandant nous a offert la plus gracieuse hospitalité. Mercredi l'épais nuage qui recouvrait le Liban s'est découvert, et ce n'est qu'alors que nous avons vraiment vu Beyrout. La Syrie n'a pas de site plus grandiose ; la montagne, dont les hautes cimes gardent dans cette saison des neiges éblouissantes, descend presque jusqu'à la mer qui s'étend à l'infini devant le regard. Nous ne nous sommes pas lassés de la grande merveille, selon l'heureuse expression de Maurice de Guérin. Respirer la brise amère, écouter le chant puissant des vagues, les voir bondir et blanchir sur la ligne de brisants qui entoure la côte, saisir sur leur surface changeante toutes les teintes de la lumière, voilà notre occupation principale à Beyrout. A une lieue de la ville, au pied du phare, s'ouvre une enceinte de rochers formée par les déchirements de la falaise. Une grotte naturelle y a été creusée par les flots qui s'y accumulent. C'était pour nous un but favori de promenade. Nous avons rencontré à Beyrout une société charmante, qui nous a reçus avec la plus parfaite amabilité. M. Pertié, employé supérieur au consulat français nous a ouvert les trésors de son cabinet archéologique, où nous avons admiré quelques chefs-d'œuvre de l'art antique; il nous a ouvert les trésors infiniment plus précieux de son esprit si étendu, si cultivé. J'ai rencontré chez son gendre M. de Perthuis, le fameux père G..., l'ancien prince russe devenu jésuite; son beau regard, brillant d'intelligence et de bonté, gagne de suite le cœur, sa conversation est pleine de charme et d'entrain. Nous nous sommes fort bien entendus sur l'essentiel. Lui aussi rêve l'union de la religion et de la liberté. Comment la robe de jésuite peut acquérir assez d'ampleur pour enfermer un esprit si large et si généreux, c'est un problème que je n'ai pas à résoudre.

Bien des idées sur l'état réel du pays se

modifient en écoutant les hommes les mieux au fait de sa vraie situation. On se convainc de plus en plus que les massacres de 1860 sont bien un crime turc. Certes on n'est nullement disposé à retirer sa sympathie aux chrétiens, mais on constate avec tristesse que le clergé maronite, comme tous les clergés puissants et dominateurs, se montre accapareur et avide. Chacun pêche pour son compte dans les eaux troubles de l'anarchie musulmane. J'ai eu la douceur de prêcher deux fois à Beyrout devant un auditoire assez nombreux et de toute provenance. Le culte se tient dans le bel établissement des diaconesses de Kaiserswerth. L'orateur doit s'efforcer d'être aussi intéressant que possible, car il a une terrible concurrence dans le paysage que l'on aperçoit de tous les points de la chapelle. La prédication de la mer et des cieux court risque de couvrir sa voix. Beyrout possède une mission américaine, qui a le Liban pour principal champ de travail. Les musulmans demeurent presque toujours inattaquables, mais la population chrétienne, si mêlée et si ignorante, a bien besoin d'instruction évangélique. Les jésuites et les franciscains ont ici un de leurs principaux centres d'action.

Nous avons pris congé hier de nos deux chers compagnons L. P... et G. A..., qui se rendent par terre à Alep. Ce n'a pas été sans tristesse après cette bonne vie commune qui a duré deux mois. Beyrout s'est présenté à nous au départ dans toute sa gloire avec la pourpre ardente du couchant, puis une belle nuit s'est abaissée sur nous; mais de cette nuit je n'ai rien vu : le roulis avait commencé et je me suis enseveli le plus tôt possible dans le néant ! Ce matin l'eau est plus bleue que je ne l'ai jamais vue, le ciel a toute sa transparence. Nous sommes en face de Chypre, la blanche île de Vénus. Elle se détache gracieusement du sein de la mer; mais c'est encore une belle trompeuse, du moins en ce qui concerne la portion de son littoral que nous avons parcourue. Rien de plus aride que la plage, rien de plus triste et de plus nu que les rues de la ville de Larnaca. Nous avons eu l'heureuse chance de trouver une portion de la population rassemblée dans l'église grecque pour la procession solennelle du lundi de Pâques (qui, pour les orthodoxes, tombe aujourd'hui). Cris horribles, baisement frénétique d'images traitées comme de vrais fétiches, procession tumultueuse accompagnée de pétards fulminants, telle a été cette cérémonie digne du paganisme. Nous avons eu la satisfaction en revenant à bord d'assister à l'exercice du tir du canon sur la frégate anglaise, qui disparaissait poétiquement dans les nuages artificiels dont elle s'enveloppait. Dans deux heures nous allons repartir. Puisse ce sourire de l'eau et du ciel ne pas être un brillant mensonge !

Rhodes. Mercredi matin 4 mai.

La journée d'hier ne s'est pas passée comme nous le souhaitions, le ciel a été brumeux et la mer houleuse. Cependant, grâce à quelques éclaircies, nous avons pu admirer les premières côtes de l'Asie Mineure couvertes de belles montagnes neigeuses. Ce matin de bonne heure nous sommes descendus à terre; nous revenons enchantés de notre excursion. L'île de Rhodes est fort pittoresquement située, en face des côtes de l'Asie Mineure. Une grande tour massive et des murailles crénelées lui donnent un aspect guerrier. La ville est gaie et animée, bien autrement que Larnaca; on y admire une vaste mosquée en rotonde. Mais ce qui nous y a surtout ravis, ce sont les restes de l'ancienne cité chrétienne, de la ville des chevaliers. La rue qui porte leurs noms est solitaire et étroite; on reconnaît qu'elle était anciennement pavée de marbre; elle est bordée de maisons qui ressemblent à des forteresses, chacune d'elles porte l'écusson d'un chevalier avec les armes de sa patrie; les plus belles ont la fleur de lis. Non loin se trouve l'hôpital de l'ordre devenu une prison turque; il est d'un beau style gothique. Sur une éminence on reconnaît les portiques ruinés de l'Eglise de Saint-Jean, qui appartenait aux chevaliers, et qui a été renversée par un tremblement de terre. Du milieu de ces débris où abondent les pierres funéraires, on a une vue admirable sur l'île, sur la mer et sur la côte asiatique. Nous avons été ainsi reportés à l'une des plus belles pages du moyen âge guerrier et chrétien, à cette chevalerie des croisades si intrépide et si pure au début, et dont la défaite dans cette île si vaillamment défendue par elle a été plus glorieuse que bien des victoires.

Notre bateau file rapidement, mais pousse au dernier point la maudite manie du balancement, même quand rien ne l'y invite. La cuisine est abominable, c'est :

> D'os et de chair meurtris un horrible mélange.

La funeste école des assemblages hybrides triomphe sur toute la ligne. Elle unit les contraires comme les formules hégéliennes. On nous sert un certain macaroni qui est une synthèse des choses les plus disparates. Ce genre d'alimentation n'est pas sans gravité quand on danse en mesure,

> Au moindre vent qui d'aventure
> Ride la surface de l'eau.

Nous n'avons pas non plus retrouvé l'agréable compagnie du *Dupleix* et du *Labourdonnais*. Il y a bien un coin pittoresque sur le pont : ce n'est pas celui des Européens, c'est celui des Turcs. Les femmes ont un compartiment à part; elles passent leur journée mollement couchées à fumer le narguilhé, entourées de leurs esclaves noires. C'est comme un petit harem de quatrième ordre. Les hommes, dans un autre compartiment toujours en plein vent, fument les jambes croisées en écoutant quelque chanson arabe, ce qui est bien la musique la mieux faite pour assombrir l'esprit. Un jeune officier turc, fils d'un pacha de Damas, porte sur ses traits cet alanguissement efféminé si fréquent en Orient. Une dame du bord l'a vu avant son départ, paradant en hussard devant les femmes du harem de son père. C'est probablement la plus grande preuve d'héroïsme qu'il donnera jamais. Quant à nos compagnons immédiats, à part quelques Anglais, ils sont pour la plupart voyageurs de commerce. Nous avons deux fougueux blondins, bons enfants au repos, mais toujours prêts à entrer en fureur pour des bagatelles. Quand ils jouent au whist, c'est à croire qu'il n'en restera bientôt que deux mèches fauves. Nous avons retrouvé sur l'*Europa* un excellent pasteur anglais que nous avions rencontré avec sa femme à Jérusalem. Il ne parle pas un mot de français, mais j'aime à contempler sa belle et calme figure et son affectueux regard. Hier nous avons conversé dans sa langue; les oreilles lui en tinteront longtemps.

Avec quel délice je sens filer les jours; nous sommes décidément sur le chemin du retour. Quand je songe au beau revoir, une telle impatience me saisit qu'il me faut écarter cette pensée qui dévorerait tout le reste, comme les vaches maigres de Joseph. J'aspire aussi à reprendre le travail, la lutte, la vie du devoir.

Smyrne. Samedi 7 mai.

La traversée de l'archipel asiatique a été assez accidentée. Le temps était au caprice, tantôt calme, tantôt houleux, et je puis dire à la lettre que mon cœur flottait à tout vent. Nous avons même essuyé, dans la nuit de mercredi à jeudi, un violent orage qui nous a forcé à rétrograder pour ne pas nous engager dans des passes trop étroites. A part ces petits inconvénients, notre voyage maritime a été magnifique. Le navire longe de très près cette belle côte montagneuse dont les dernières pentes forment de vertes prairies où apparaissent de temps à autre de blancs villages. Les îles qui se succèdent sans interruption sont à une petite distance du continent. Tantôt ce sont des îlots de rochers dénudés; tantôt des îles importantes par leur position et leur histoire. Nous sommes déjà en Grèce, dans cette Ionie qui tempéra de grâce et de délicatesse l'énergique et fier génie des Hellènes, tout en prenant à leur contact une trempe de force et d'audace. Ces côtes, baignées d'une lumière si riche, sont découpées en golfes innombrables où la grande mer pénètre, comme pour solliciter l'activité humaine aux aventures lointaines et héroïques et l'empêcher de s'assoupir sous les langueurs du climat. C'est dans cette région enchanteresse qu'est née la poésie d'Homère, pleine de fraîcheur et de puissance; c'est de ces eaux limpides que sont sorties les divinités olympiennes aux accents de cette grande lyre et sous le sourire de ce ciel. C'est là qu'apparurent, pour la première fois, ces créations charmantes qui arrachèrent la Grèce au joug des religions de la nature et substituèrent à ces cultes écrasants la grâce et la fière beauté d'une mythologie tout humaine. En ces lieux enchantés, l'humanité fut prise de ravissement en se trouvant plus belle et plus puissante que tout ce qui l'entourait et supérieure aux forces cachées du monde; elle s'adora elle-même dans un incomparable idéal d'héroïsme, qu'elle ne put évoquer qu'une fois sur ces terres favorisées au sein de la race la plus richement douée. Et cependant, c'est sur ce même sol, où il semblait que la poésie du fini pût seule fleurir que fut inspirée l'œuvre la plus mystique, celle qui ouvre sur l'invisible l'échappée la plus profonde, je veux dire ce quatrième évangile, que les Pères d'Alexandrie appelaient l'évangile de l'Esprit. C'est de ces mêmes flots bleus, d'où s'échappa l'*Iliade* toute radieuse, comme la blanche Amphitrite de l'écume brillante, qu'a surgi le sombre et sublime poëme de Patmos, l'épopée du martyre, le livre divin des sanglants et glorieux combats de la vérité. Que l'on vienne donc, après ce contraste, le plus saisissant et le plus tranché qu'on puisse imaginer, nous parler encore de la fatalité des climats et des races et prétendre que les fruits de l'esprit humain mûrissent, comme ceux de la terre, selon le vent et le soleil !

Les deux plus belles îles de cet archipel sont jusqu'ici *Chos*, la patrie d'Hippocrate, et *Chio*, l'une des patries présumées d'Homère. Ces deux îles se ressemblent d'une manière frappante. Des pics majestueux se dressent derrière les vertes montagnes qui descendent jusqu'à la mer; la ville de Chos est tout enveloppée d'oliviers et de platanes, et ses gracieuses maisons baignent dans les flots. Plus loin, Lesbos nous apparaît comme un vaste navire de verdure. Une race intelligente et courageuse peuplait jadis ces îles; on n'a qu'à parcourir l'histoire pour reconnaître que leurs habitants ont participé à la vie guerrière et active des républiques grecques. Il suffit que l'islamisme paraisse pour arrêter tout mouvement, si ce n'est le mouvement craintif du patient qui, écrasé par une force brutale, essaye parfois de s'en débarrasser. Avec le mahométisme l'histoire s'arrête; il met sa main de fer sur le cœur le plus ardent et y glace la vie. L'humanité n'a pas connu de pire malédiction que cette hideuse falsification du monothéisme.

Un vent violent mais bienfaisant a déchiré le rideau de brume qui flottait à l'horizon au moment où nous entrions dans le golfe de Smyrne. Nous y avons retrouvé la glorieuse lumière d'Orient. Smyrne a pour moi surpassé de beaucoup sa réputation. La ville elle-même est, à mon goût, trop européenne; dans toute la partie qui avoisine la mer, on se croirait en Italie. Les maisons sont très gaies, très bien bâties avec de gracieux péristyles et des cours à fontaines. Les dames ont la coutume singulière de se tenir sur le seuil de leurs demeures pour voir les promeneurs et exhiber leurs toilettes tapageuses. Le quartier musulman possède un riche bazar et se termine par un beau cimetière planté d'admirables cyprès. La coutume de planter des arbres dans les rues, entre les maisons, contribue à égayer la ville. Le pont des Caravanes offre au voyageur un aspect des plus variés et des plus animés. Il y là un mouvement mercantile tout oriental, plein de charme et d'originalité. De longues files de chameaux, les plus beaux que nous ayons rencontrés, partent ou arrivent presque à chaque instant. Au reste, Smyrne peut se passer d'amusements, tant la beauté du site est merveilleuse. Les montagnes qui l'entourent et qui enserrent le golfe se découpent en crêtes gracieuses, et ont des tons rouges et foncés qui s'embrasent au coucher du soleil. Le golfe, lui-même, s'arrondit avec une grâce sans pareille. Nous avons gravi le mont Pagus, où sont les ruines du vieux château de la ville et d'où l'on domine tout le paysage. La tradition place au pied de cette colline le stade où Polycarpe a subi le martyre. Le christianisme primitif n'eut pas de foyer plus actif que cette belle contrée; ses triomphes étonnants provoquèrent la fameuse lettre de Pline à Trajan, qui amena la première persécution régulière. Quelle puissance la foi chrétienne avait acquise sur ces païens d'hier, si empressés à mourir pour le Christ dans des lieux où l'existence à elle seule est déjà un enchantement! J'ai mieux compris, en parcourant Smyrne, les sollicitations du proconsul à Polycarpe, alors que le saint évêque marchait au supplice. Le magistrat romain lui représentait combien il lui serait facile d'achever sa vie dans le calme et le bonheur, au prix d'un simple désaveu. Il lui montrait, sans doute, tout ce qu'il devait quitter, ce ciel, cet air, cette plage, — et pour qui?... « Pour Celui, répondit Polycarpe, qui ne m'a fait que du bien depuis quatre-vingts ans ! »

Notre journée d'hier a appartenu tout entière à ces grands souvenirs du christianisme primitif. Nous avons été visiter les ruines d'Ephèse. Jamais plus splendide journée de mai ne se leva en Asie Mineure; le voyage avait été parfaitement organisé. Le trajet s'accomplit en deux heures, grâce au chemin de fer récemment inauguré par une compagnie anglaise. On traverse une riante et fertile vallée entre de vertes montagnes que couronne, non loin d'Ephèse, un magnifique glacier. De nombreux troupeaux fuient en bondissant au sifflement de la vapeur; plusieurs lentes caravanes de chameaux passent devant nous comme pour mettre en opposition l'antique locomotion du désert avec la course effrénée de la civilisation la plus avancée. La dernière station est à Ayaslouk; les débris d'un grand aqueduc annoncent la proximité des ruines. Des cigognes ont construit leurs nids sur les colonnes et volent sur les chapiteaux dégradés. On nous amène d'affreux chevaux avec des selles turques; le mien n'a qu'une bride cassée et je dois le conduire avec la corde du licou. Ces désagréments sont promptement oubliés; nous avons passé au milieu de ces débris trois de ces heures qu'on payerait volontiers des plus grandes fatigues. Ephèse! que de souvenirs dans ce nom! Ephèse. c'est le paganisme gréco-oriental arrivé au plus haut point de sa gloire, de sa magie séductrice; c'est la grande Diane, la grande divinité féminine de l'Asie, personnifiant, aux jours de décadence, ce panthéisme voluptueux où s'abîmaient toutes les anciennes divinités. Ephèse, c'est saint Paul, c'est la croix plantée sur l'une des terres consacrées de l'idolâtrie, au prix de la lutte la plus émouvante. Ephèse, c'est l'hérésie et ses artifices, c'est la gnose naissante. Ephèse, c'est surtout saint Jean et ce beau soir du siècle apostolique où la lumière céleste inonde de ses teintes les plus pures les plus hautes cimes de la révélation, c'est l'amour donné comme dernier mot de la terre et du ciel. Voilà ce que ce simple nom nous dit. Les débris de l'ancienne ville sont parsemés sur une vaste plaine et sur une colline assez élevée qui domine le paysage. Au loin la mer, qui jadis baignait la cité, scintille entre des montagnes plus hautes. Le paysage rend aujourd'hui tout ce qu'il peut donner. La première ruine que nous rencontrons est un petit édifice de marbre, aux trois quarts écroulé, qui doit avoir été un temple. Au moment même où nous passons, on vient d'extraire du sol un fragment de statue : c'est une admirable tête de Vénus qui, dans sa mutilation, révèle un art exquis. Cette coïncidence est pour nous une bonne fortune. Ainsi sort de terre, devant nous, la plus gracieuse image du paganisme hellénique. Plus loin, voici, à ne pas s'y tromper, les vestiges du fameux théâtre; on reconnaît les restes des gradins où s'entassèrent la foule et les grands *vomitoria* qui l'écoulaient. Il suffit de gratter l'herbe pour retrouver des fragments de mosaïque. C'est donc là que le christianisme entendit pour la première fois rugir contre lui un peuple ameuté et fanatisé. Nous relisons, avec une pieuse émotion, le récit des Actes des apôtres. A chaque pas on heurte quelques débris informes, ils se sont accumulés sur un point entre de hautes herbes; une immense colonne est renversée, à côté est un chapiteau orné avec toute la délicatesse du ciseau grec de la bonne époque; d'autres fragments de colonnes sont entassés dans ce désordre pathétique des grandes ruines. Une demi-heure de marche nous conduit au stade circulaire dont la disposition n'a pas changé. Un portique très bien conservé se dresse encore sur la colline; on revoit la mer au travers de l'arcade, et le regard embrasse tout ce champ de désolation recouvert d'une végétation abondante.

Du sein de ces débris épars on voit apparaître l'image de la luxurieuse cité qui enivra tant de générations. On entend aussi retentir, sur ses places publiques, le nom nouveau devant lequel devaient tomber ses idoles. On se représente saint Paul, ses brûlants appels et ses larmes, ses fatigues, ses souffrances et ses triomphes. Dans le lointain, caché dans un pli de vallon, on nous montre le tombeau de saint Jean. Ces pierres n'ont d'autre valeur que de porter ce grand et doux nom, mais n'est-il pas gravé partout en ces lieux? Je ne sais pourquoi ce profond et pur azur brillant au-dessus de nos têtes me le rappelle mieux encore, car rien ne me représente plus parfaitement cette doctrine de l'amour souverain dont il fut l'apôtre et qui est comme le troisième ciel de la révélation. Désormais, le nom d'Ephèse me rappellera l'une des plus belles journées de ma vie.

Nous sommes retournés à bord le soir, bien que notre départ ne fût fixé que pour le lendemain, car nulle part ailleurs nous ne pouvions si bien jouir du beau couchant qui s'annonçait. Décidément la nature du Midi et de l'Orient a toutes mes préférences. Certes les sites grandioses et pittoresques de la Suisse me ravissent, mais rien ne vaut pour moi ce mariage d'une terre gracieusement ondulée et d'une mer bleue dans une lumière de feu.

# D'ÉPHÈSE A ATHÈNES

---

Dimanche 8 mai. Aux Dardanelles.

Smyrne nous a fait hier soir de splendides adieux : la riante cité avait revêtu sa tunique d'or et les montagnes qui l'entourent n'étaient pas moins parées. Notre traversée jusqu'ici a été magnifique. Ce matin l'aurore aux doigts de rose nous a ouvert les portes du paradis homérique. Nous avons navigué pendant trois heures entre l'île de Tenedos et la côte troyenne. Nous voguions en pleine *Iliade*, jouissant de la double sérénité de l'atmosphère et des eaux qui convient si admirablement à cette poésie de la jeunesse et de la force. On ne peut rendre tout ce que ce paysage enferme de grâce ; il est facile de comprendre combien il devait plaire aux Grecs. Rien en lui n'est indéfini, car il forme une courbe parfaitement arrondie et il a cette élégance et cette netteté de lignes si chère à leur architecture. Devant nous est le détroit de l'Hellespont ; derrière nous Lesbos ferme l'horizon, tandis que Ténédos fait face à la côte asiatique où le nom seul de Troie vaut la plus majestueuse ruine. Au premier plan de cette côte sont des collines boisées qui s'abaissent jusqu'à la mer ; à leur pied, s'étend la plaine où fut la cité de Priam, et enfin au fond du tableau se dresse la chaîne dentelée de l'Ida d'où le Gargarus détache son glacier étincelant. Des tumulus porteurs des noms d'Achille et de Patrocle achèvent de vous transporter dans ce monde épique et idéal pour lequel ce coin de terre a été prédestiné. Nous avons eu le bonheur d'avoir la lumière qu'il nous fallait sur cette scène enchantée que la grande poésie a deux fois consacrée. Tout en admirant les éclatantes beautés de cette nature, je me reportais aux sévères horizons de la Judée, à cette austère majesté de la terre du miracle et de la révélation, et je me rappelais la distance qui sépare le Dieu à l'arc d'argent du Saint d'Israël. Je comprenais mieux comment cette religion tout esthétique, qu'a enfantée la poésie d'Homère, n'a su que jeter un voile doré sur les sombres réalités de la vie humaine et en a caché les grandeurs profondes, tandis que la plainte du cœur brisé qui est montée des déserts de Juda a fini par rouvrir le ciel. La lyre de David et d'Esaïe n'a pas brisé la corde aux tristes accents, et c'est pourquoi elle a pu, en définitive, retentir de chants plus joyeux que la harpe d'ivoire des Hellènes. L'oubli n'est pas la consolation, et la poésie qui a pleuré et prié est aussi celle qui inaugure le triomphe. Mais l'âme ne s'abandonne pas moins avec ravissement à cette double magie d'une nature et d'une poésie qui se correspondent si admirablement. Quel commentaire de l'*Iliade* vaut ce beau matin qui nous a été accordé en face de l'Ida !

La fameuse entrée de l'Hellespont est digne de sa réputation. Le navire suit un étroit passage entre la côte d'Europe sèche et nue et la côte d'Asie toujours verte. Toute une rangée de voiles attendent le vent favorable sur le seuil de cette porte de la capitale de l'islamisme. Après un court arrêt à Gallipoli nous entrons dans la mer de Marmara.

Constantinople. Mardi 10 mai.

Tout a été dit cent fois sur Constantinople, sur le contraste que présente la beauté incomparable du paysage maritime avec le misérable aspect des rues étroites et sales. Je ne puis que confirmer ce qu'on lit partout sur cette ville immense où l'histoire a entassé tant de souvenirs, la nature tant de prodiges et l'islamisme tant de hontes. Nous sommes arrivés hier matin au lever du soleil, au moment même où ses premiers rayons frappaient les édifices. C'était un véritable incendie; sur ce fond brûlant se détachaient d'abord la mer, toute couverte de voiles empourprées, avec ses deux bras de la Corne d'Or et du Bosphore, puis les minarets élancés du vieux Stamboul, que domine la vaste coupole de Sainte-Sophie. La pointe du Sérail, Scutari et l'île des Princes participaient à l'embrasement général. Certes aucune ville ne possède une entrée plus triomphale. A peine débarqués, nous sommes montés sur la tour de Galata, d'où le panorama entier se présente à l'œil dans toute sa grâce et toute sa grandeur. Derrière Stamboul les montagnes de Brousse forment une blanche ligne neigeuse, qui tranche admirablement avec la mer. Quant à la ville elle-même, Péra, où nous habitons, n'est qu'un grand caravansérail européen, sans caractère, où se heurtent et se croisent toutes les nationalités. C'est l'Orient exploité par l'Occident. On n'y remarque que les palais des ambassades. Le nouveau pont qui relie Péra à Stamboul est d'une animation extraordinaire, qui rappelle le pont de Londres. Stamboul est un ramassis de maisons de bois où circule une population turque déjà fort mélangée. Les édifices publics sont rares et souvent mesquins; la Sublime-Porte n'est qu'un plat ministère; quelques fontaines monumentales, les tombeaux des sultans et surtout les mosquées, voilà les seuls monuments dignes d'arrêter le voyageur. Nous avons visité la fameuse mosquée de Sainte-Sophie, devenue le plus glorieux trophée de l'islamisme. Elle est d'une somptuosité sans pareille, la mosaïque de ses voûtes est une merveille de luxe et de richesse; tout y rappelle l'ancienne basilique chrétienne et l'insolent triomphe de la religion du Prophète. Partout on retrouve la croix, cachée à moitié sous des ornements parasites. On distingue très bien aux quatre grands portiques les ailes des séraphins imparfaitement effacées; dans la tribune, au milieu d'un nuage doré, la figure du Christ est à grand'peine dissimulée. Certes le christianisme est assez vengé de ces outrages par tout ce que le croissant a produit de crimes et de malheurs dans les contrées où s'étend encore son ombre malfaisante. Après Sainte-Sophie, nous avons visité l'hippodrome, théâtre de luttes dignes de la frivolité de la cour bysantine; un obélisque et deux colonnes brisées rappellent seuls sa gloire passée. Ce qui vaut mieux cent fois que la ville et ses trésors, c'est le Bosphore, c'est ce bleu passage entre la mer de Marmara et la mer Noire, bordé de villas un peu trop coquettes et de palais maniérés, y compris celui du sultan, mais dont les rives sont parées de la plus gracieuse végétation. Il est peu de vues plus belles que celle que l'on a de la colline de Bouyuk-Déré. Une ravissante vallée forme le premier plan, et l'on suit du regard tout le cours du Bosphore jusqu'à son embouchure dans la mer Noire qui s'étend à l'infini. A Therapia, du jardin de notre ambassade, le spectacle n'est pas moins grandiose.

J'avoue que j'ai une vive antipathie pour la ville même de Constantinople. C'est là qu'a été contracté ce funeste mariage entre l'Eglise et l'Empire, si stérile quand il n'a pas enfanté le déshonneur et le crime. C'est là qu'a pris fin cette grande et glorieuse époque d'une religion libre et sainte. C'est là que s'est développé cet esprit subtil et impuissant qui a fait de la théologie le jeu le plus funeste; c'est là enfin, à l'ombre de ces sérails, sous la molle douceur du ciel, qu'il faut chercher le cœur gangrené de cette religion de volupté et de mort dont j'ai tant de fois eu l'occasion de maudire le pouvoir. Quand on se dit que tous ces beaux palais des ambassades chrétiennes sont destinés à soutenir cet édifice vermoulu, sépulcre badigeonné d'une portion si notable de l'humanité, on appelle du fond du cœur la grande et infaillible crise qui renversera l'islamisme. Elle coûtera cher, je le sais, mais elle vaudra son prix.

Nous avons assisté cette après-midi à l'un des plus bizarres et des plus tristes spectacles imaginables, je veux parler de la danse des derviches tourneurs. Les derviches occupent un petit édifice fort coquet, couvert de dorures, situé en face du Bosphore à Péra. Le mardi et le vendredi ils donnent leur représentation, qui, pour les fervents musulmans, est un acte religieux. On les voit arriver l'un après l'autre avec leur bizarre coiffure qui a la forme d'un pot de fleurs renversé. Ils se rangent en cercle; le chef des derviches, vieillard à barbe blanche, se place à l'extrémité. Ils commencent par une sorte de plain-chant monotone; à certains moments ils se prosternent tous ensemble pour baiser la terre avec une vénération profonde. L'iman prononce ensuite une longue prière à la suite de laquelle tous les derviches font le plongeon sur le parquet qui retentit d'un bruit sec. Puis ils font majestueusement le tour de la salle, l'iman en tête, en s'inclinant devant je ne sais quelle amulette. Lorsqu'ils passent devant ce fétiche, ils se saluent gravement deux à deux. Une musique aigre et vive retentit soudain dans les galeries; elle accompagne un abominable chœur qui hurle en mesure : c'est le prélude de la danse. Les derviches s'élancent et tournent, tournent, tournent les bras étendus, les yeux fermés, avec une vélocité qui s'accroît à chaque instant. C'est un tourbillon frénétique, insensé. Ils paraissent plongés dans une stupide extase et recommencent quatre fois cette ronde effroyable jusqu'à ce qu'enfin ils retombent trempés de sueur. Ils se prosternent de nouveau et repassent devant l'iman pour lui baiser la main, puis ils se la baisent les uns aux autres. Un grand cri poussé en commun termine cette cérémonie. Pendant que ces malheureux tournaient et hurlaient, je regardais la mer si calme et si majestueuse sous l'éclat paisible de ce beau jour, et je me disais : Là est la prière, là est l'hymne digne de Dieu. C'est la créature intelligente et libre qui a trouvé le moyen de faire de l'adoration une hideuse parodie. Certes les prêtres de Cybèle avec leurs bonds enragés et leurs incisions n'avaient rien inventé de plus stupide.

L'une des plus belles choses de Constantinople sont ses cimetières. Ils sont placés dans la position la plus pittoresque et plantés de cyprès très élevés qui, dans leur masse sombre, forment comme un chœur de tragédie faisant monter vers le ciel la grande plainte humaine.

Mercredi matin.

Quelles que soient mes antipathies pour l'islamisme et sa capitale, je dois convenir que Constantinople, contemplée du haut de la tour du Seraskier (ministère de la guerre), revêt une beauté si splendide qu'elle me désarme. La lumière ce matin était d'une transparence idéale; chaque ligne se dessinait avec une netteté parfaite. Du haut de cette tour rien ne nous échappait, depuis la mer de Marmara jusqu'au fond de la Corne d'Or et du Bosphore. Les plus belles mosquées et les dômes des bazars étaient à nos pieds, tandis que les montagnes de Brousse blanchissaient sur l'azur. Nous avons eu beaucoup de peine à nous arracher à cette magie. Nous avons ensuite visité la mosquée de Bajazet, dont la cour forme une espèce de cloître aux voûtes cintrées du plus bel effet; une multitude de colombes y sont nourries par la pitié des musulmans. Nous avons terminé notre séjour à Constantinople par une visite détaillée des bazars. C'était prendre dignement congé de la vie orientale qui s'y étale dans son luxe chatoyant, avec ses tissus souples et brillants, sa riche orfévrerie, ses parfums, ses épices et ses armes damasquinées. Le costume des femmes nous a paru charmant; elles sont vêtues d'étoffes somptueuses, un léger voile laisse apercevoir leurs beaux yeux et leurs traits délicats. La cohue qui se presse entre ces boutiques offre un mélange de tous les costumes, de toutes les couleurs. C'est une synthèse éblouissante de tout ce que nous avons vu et admiré depuis deux mois. Et maintenant nous voici sur le pont du *Cydnus*. En marche vers Athènes, vers la terre de Sophocle, de Platon et de Phidias!

Jeudi 12 mai, sur le *Cydnus*, à quelques heures du Pyrée.

Belle traversée, mais monotone. Longues lectures et longues causeries. Je me suis entretenu longtemps avec un jeune abbé français, de la figure la plus distinguée, que j'avais déjà rencontré à Jérusalem. Il a passé brusquement de l'étude du droit à la théologie. C'est donc un fervent. Il étudie au collége romain, dans la capitale du catholicisme; rien en lui ne sent le fanatique, car il expose avec un calme parfait les principes qu'on lui a fait accepter. Ces principes, où l'on est en droit de chercher la vraie pensée de Rome, aboutissent au théocratisme le plus insensé et à la justification de ses pires excès. On est confondu d'entendre un Français du dix-neuvième siècle affirmer sans sourciller que l'Eglise, pour sauver les âmes, doit se servir de la contrainte et faire de l'Etat le gendarme de son orthodoxie. Il faut voir avec quel mépris ce nourrisson de Rome parle de la liberté en général et surtout de la liberté religieuse. Il n'a pas assez de sarcasmes pour l'école catholique libérale; il se dit assuré de sa condamnation prochaine *ex cathedrâ;* rien n'y manque, selon lui, qu'une vaine formalité. Au fond, cette généreuse école est au ban de la stricte orthodoxie, et elle n'évitera l'anathème que par le silence ou par des concessions qui expient l'imprudence éloquente de Malines. Ce jeune prêtre affirme que l'enseignement supérieur donné au centre de la catholicité est tout entier dirigé contre elle. Certes, le moment est bien choisi pour développer ces belles théories et pour démontrer l'incompatibilité du christianisme avec le droit éternel de la conscience. Mais ce droit n'existe pas pour l'école de notre abbé. Il invoque sans cesse je ne sais quel droit surnaturel, qui est au-dessus de la morale vulgaire. Jamais je n'ai trouvé mieux justifié le mot sanglant de M. d'Azeglio : « A Rome on fabrique une conscience artificielle que l'on essaye de substituer à la conscience telle que Dieu l'a faite. »

Je me suis permis de représenter à mon interlocuteur que ces théories n'étaient pas autre chose que la fameuse doctrine révolutionnaire du salut public, transportée de la politique dans le domaine spirituel. J'ai ajouté qu'il n'y avait pas de plus sûr moyen d'atteindre l'infini dans le mal que de séparer la morale de la religion et de fouler aux pieds le droit naturel sous prétexte de servir Dieu. J'ai essayé aussi de lui rappeler la dignité de la vérité et l'irréparable déshonneur qu'on lui inflige en l'étayant de la force matérielle. Mais je parlais une langue qu'il ne comprenait pas et qui ne pouvait même l'émouvoir. Les frontières qui séparent nos deux patries morales ne sont pas de celles qui s'abaissent. Il est malheureusement certain que ces honteux sophismes sont la vraie pensée de ce qu'on peut appeler l'école romaine. Cette école sera responsable devant Dieu et devant les hommes de l'abîme qu'elle creuse entre les croyances religieuses et notre génération. Qu'on ne s'y trompe pas! Le catholicisme contemporain traverse une crise des plus redoutables. S'il ne s'arrête pas sur la pente d'absolutisme où le précipite une clique insensée, il est perdu et il compromet avec lui une cause bien plus grande que lui. Ce n'est pas moi qui m'en réjouirai. Du jour où il serait prouvé que la théocratie sacerdotale est sa vraie pensée, il aurait vraiment dit son dernier mot. On méconnaît trop la gravité de cette situation. Ce n'est plus le temps de la petite prudence.

# D'ATHÈNES A VENISE

Athènes. Samedi 14 mai.

Nous sommes arrivés hier matin à la première heure du jour. Le soleil frappait l'Acropole de ses rayons naissants; les montagnes étaient dorées et sur la mer retentissait une musique douce; on eût dit la voix de ces néréides qui suivent la rame agile, selon la poétique expression de Sophocle. C'était la bienvenue qu'une belle frégate anglaise envoyait à son capitaine, embarqué sur notre bord avec sa jeune femme. Nous avons donc abordé cette terre d'enchantement dans les conditions les plus favorables. Nous sommes arrivés à Athènes par la fameuse avenue poudreuse plantée de balais, qui s'appelle la route du Pirée. De la ville moderne je n'ai rien à dire, sinon qu'elle joue à la capitale avec ses deux grandes rues alignées, son palais-caserne, sa cathédrale enjolivée comme un boudoir et ses magasins vulgaires. S'il est désagréable de rencontrer le *Café du Jourdain* aux portes de Jérusalem, il ne l'est pas moins de voir les fins caractères de la langue grecque tracer sur une maison d'Athènes le mot suivant : Μωδιστα (Modiste). Les soldats sont habillés comme s'ils avaient à défendre le grand-duché de Baden. Les Pallicares en fustanelles mêlent quelque couleur locale à ces lieux communs de la civilisation européenne. On a hâte de quitter l'Athènes moderne pour ce qui reste de l'Athènes ancienne.

Rien, du reste, ne vaut le cadre, heureusement invariable, du changeant tableau de cette cité dont le nom seul exhale tant de souvenirs poétiques. Ce n'est certes pas sa campagne que l'on admire, car elle appartient au sable et à la poussière ; la brûlante monotonie de ses routes n'est rompue que par quelques rares lauriers roses et par des bouquets d'oliviers. Mais comment peindre cet horizon des collines qui entourent Athènes et de la mer qui baigne ses côtes? C'est une beauté d'un ordre immatériel et purement artistique, car elle ne tient ni à une végétation riche et puissante, ni à des contrastes hardis, mais à ces contours dont les lignes sont si pures, si harmonieuses sous la lumière légère, qu'on les dirait taillés par le plus délicat ciseau. Tout est facilement embrassé d'un coup d'œil, rien n'est indécis, flottant; la mer elle-même n'est plus qu'une écharpe bleue suspendue aux flancs de ces monts sans glacier et sans cime abrupte. La nature a ce caractère d'une forme précise, harmonieusement arrêtée, qui exclut le tourment de l'infini. Rien n'explique mieux ce caractère paisible et exquis de l'art grec, qui le distingue si nettement de l'art oriental. Celui-ci, toujours en quête de l'immense et du grandiose, tombe facilement dans le monstrueux qui n'est que l'essai manqué de reproduire l'infini. Il y a la même distance entre le temple, tel que l'a conçu le génie des Hellènes et la pagode indienne ou le temple indéfini de l'Egypte, qu'entre la nature violente de ces derniers pays et cette nature toute de grâce et de sérénité. Jamais il n'y eut mariage plus intime que celui qui s'est opéré entre cette terre aux fins contours dorés et cet art d'une idéale sérénité. La Grèce, ou pour mieux dire l'Attique, me fait l'effet d'un stade naturel où cette noble race s'exerçait à l'héroïsme, au culte de la beauté virile dans un cadre assez restreint pour que la gloire fût à la portée de chacun, et assez distingué pour que ses couronnes excitassent la plus haute ambition. Le charme, la séduction d'un tel paysage se font sentir immédiatement. Quand on le contemple au travers de quelque beau portique de marbre, on est plongé dans une sorte de poétique extase qui évoque les plus beaux souvenirs de la culture classique.

Nous n'avons fait encore qu'une grande promenade dans Athènes, mais quelle promenade! D'abord, au bas de l'Acropole, voici le temple de

Jupiter Olympien rebâti par les Romains; il rappelle sous une forme épurée le style de Ba'lbek. Il n'en reste plus qu'une rangée de seize colonnes corinthiennes, d'une grande élévation, au travers desquelles on contemple la mer et les montagnes. Un peu plus haut, voici le théâtre de Bacchus presque complétement sorti de terre depuis deux ans. Il est bâti en gradins de marbre ; les siéges des pontifes entourent le chœur orné d'un beau bas-relief qui précéde la scène où ont retenti les vers d'Eschyle, de Sophocle et d'Aristophane. En quels lieux cette poésie pouvait-elle mieux déployer sa beauté majestueuse que devant un tel site en pleine lumière? Où les grands mythes de la religion et les glorieux souvenirs de la nation pouvaient-ils se produire d'une manière plus émouvante que devant cette mer, scène brillante où l'héroïsme athénien avait triomphé des flottes de la Perse? Le théâtre du drame poétique était en présence du théâtre des exploits qu'il célébrait et idéalisait. En entrant dans le théâtre de Bacchus, je croyais pénétrer dans le sanctuaire de la grande poésie; rien n'est plus facile que de le peupler des types admirables que les Eschyle et les Sophocle ont taillé dans l'idéal comme dans le plus blanc marbre du Pentélique. Après avoir dépassé l'Odéon romain, scène musicale construite par les Césars et qui relève encore par son ornementation alourdie l'exquise simplicité du théâtre de Bacchus, on gravit la colline sainte, l'Acropole, dont l'entrée primitive a été si ingénieusement retrouvée par M. Beulé, le plus parfait des guides dans ces merveilles. Certes je n'essayerai pas de la décrire. Comment peindre ce qui apparaît aux regards quand on a franchi les magnifiques propylées qui conduisent dans l'enceinte même des temples? A droite est le petit temple de la Victoire; devant le spectateur s'élève le Parthénon, le chaste sanctuaire de la grande déesse vierge, avec ses légères colonnes doriques aux lignes majestueuses qu'aucun ornement ne surcharge; il nous présente la plus parfaite image de l'art idéal, de celui qui ne fait appel qu'à la contemplation, à la calme admiration. Certes l'évolution mythologique accomplie par la pensée grecque, sous l'influence de Socrate et des grands poëtes tragiques, ne pouvait trouver un symbole plus parfait que ce temple où la conception de l'artiste a conservé toute sa délicatesse première; c'est le rêve d'un Phidias fixé dans le marbre. A droite voici, après la Pynacothèque, l'Erechtéion, comprenant deux temples, celui de Minerve Poliade et celui de Pandrose, fille de Cécrops, la première prêtresse de la déesse. Les colonnes sont du style ionique le plus pur. Les cariatides de la façade orientale sont une merveille de grâce et de beauté. Chaque débris couché à terre arrête longtemps le regard; tantôt c'est une colonne renversée, tantôt c'est un fragment de métope ou de frise; ici c'est une tête de cheval frémissante de vie, là une déesse mutilée mais plus belle néanmoins avec sa flottante draperie que les œuvres les plus achevées de l'art moderne. Plus loin, c'est une représentation animée d'un sacrifice; rien n y manque, ni la victime, ni la couronne de fleurs, ni le prêtre. Vraiment ce coin de terre est le paradis des belles formes. Je n'ai pas besoin d'ajouter que du milieu de ces ruines apparaît toujours le magnifique paysage que j'ai décrit; on sent que depuis des siècles ces marbres épars ont baigné dans le fluide pourpré; il s'y est comme incrusté. De l'Acropole on aperçoit encore le temple de Thésée, qui est à ses pieds et qui rivalise avec le Parthénon pour la perfection de son style dorique; il a l'avantage d'être intact. Sur la colline opposée on entrevoit le Pnyx, cette tribune aux harangues qui alluma tant de passions et enfanta tant d'héroïsme et d'injustice. Enfin on distingue très nettement les rochers qui formaient l'Aréopage. L'Aréopage, pour nous, c'est saint Paul, le cœur navré de toutes ces pompes idolâtres, brûlant d'annoncer son Dieu à cette race brillante pour laquelle il n'est qu'un étranger méprisé, dont le langage serait corrigé par la première marchande d'herbes de l'agora. Seul et impuissant devant tant d'orgueil, tant de grâce, tant de culture, tant de superstition, il fait néanmoins entendre à ce peuple d'artistes et de philosophes une parole si sublime et si forte, qu'aujourd'hui encore c'est elle qui retentit avec le plus de puissance à nos oreilles, en face de la tribune de Démosthène, à deux pas des jardins de Platon et du portique d'Aristote. L'Aréopage, pour nous, c'est, pour parler avec le poëte, saint Paul

> Suspendant tout un peuple à ses haillons divins.

Non loin est l'Ilissus; mais c'est en vain qu'on y cherche le tableau ravissant qui ouvre le *Phèdre*. Ce n'est plus qu'un filet d'eau dans le sable, mais ce filet d'eau garde son nom et cela vaut le plus frais murmure des fontaines jaillissantes. Consolons-nous de cet aride ruisseau en contemplant cette mer et ce ciel qui ont les mêmes sourires qu'au temps de Périclès. Pour moi, j'ai constamment présent au souvenir l'immortel chœur de l'*Œdipe à Colone*. Voilà le meilleur guide du voyage à Athènes, car il n'y a que la grande poésie pour expliquer la grande nature.

A un quart d'heure de la ville est la bourgade de Colone. Ce n'est plus qu'un chétif village, mais qu'importe! On oublie le présent pour les beaux vers de Sophocle. La scène qu'il a placée en ces lieux et qui est le dénoûment de sa trilogie, est la plus belle de tout le théâtre grec. C'est à Colone qu'Œdipe, le vieux proscrit, retrouve, au moment de mourir, une lumière plus vive que celle dont il est déshabitué depuis tant d'années, et un guide divin qui le conduit au séjour de la paix et du pardon. Il n'est pas, dans toute la poésie antique, de plus profonde échappée sur le ciel. La course que nous avons faite ce matin était bien faite pour nous maintenir dans ce courant d'idées. Nous nous sommes rendus en voiture à Eleusis. Nous sommes promptement arrivés en vue du détroit de Salamine. L'horizon de mer et de montagnes s'étendait jusqu'à la route de Mégare, avec ces mêmes contours arrêtés et harmonieux que nous ne cessons d'admirer.

Parallèlement au chemin carrossable, on distingue l'antique voie sacrée qui conduisait aux temples de Cérès et de Proserpine les processions des initiés, à l'époque de la célébration des mystères. On sait que ces mystères étaient les rites les plus augustes de l'ancienne Grèce ; ils exprimaient les meilleures aspirations de l'hellénisme, et ils s'efforçaient d'éclairer d'un rayon d'espérance la sombre région de la mort à laquelle la gracieuse mythologie homérique avait laissé tout son effroi. Proserpine, enlevée dans le royaume souterrain pour reparaître à la lumière dans sa royale beauté, figura tout d'abord le grain de blé qui n'est enseveli dans le sillon que pour en sortir en gerbe dorée. Mais bientôt ce mythe agricole fut pénétré d'un sens plus profond ; l'histoire de Proserpine fut l'histoire de l'âme humaine, qui ne disparaît dans la mort que pour revivre et triompher dans le pays des ombres. Je sais combien ces grandes idées étaient mélangées d'éléments impurs ; elles donnent néanmoins un sérieux intérêt aux mystères d'Eleusis. L'humanité, tout en s'adorant dans les divinités olympiques, n'a pu se contenter de ce culte purement esthétique; elle a découvert en elle quelque chose de plus grand que ses idoles et en réalité de plus grand qu'elle-même, je veux dire cet élément divin, caché dans ses profondeurs, qui la fait soupirer après l'achèvement de sa destinée au delà de la mort. C'est bien devant ces débris du temple d'Eleusis qu'on est disposé à redire avec saint Paul : « Race divine! » De ces fameux sanctuaires, il ne reste que quelques fûts de colonnes renversées et quelques degrés des Propylées. Des fouilles récentes, opérées par M. F. Lenormand, ont mis à découvert de précieux fragments qui se rattachent au mythe de Cérès et de Triptolème. Je n'ai rien tant admiré, à côté d'une superbe tête de Neptune, que la statue presque intacte de Cérès. Rien de plus fier, de plus digne, de plus majestueux dans le calme que la figure de la déesse. C'est le divin dans l'humain atteint autant qu'il est possible. Je me rappelais ce mot si poétiquement vrai de Winkelmann, que les statues grecques, dans leur auguste sérénité, nous font l'effet d'un beau paysage contemplé au travers d'une eau paisible. Certes, quand au dernier jour de la célébration des grands mystères l'image de la déesse apparaissait soudain aux initiés du sein des ténèbres, l'émotion devait être forte, et, pénétrant par les yeux dans les cœurs, y apporter je ne sais quelle impression de paix et de pureté. Je n'oublie point tout ce que l'édifice du paganisme hellénique abritait d'ignorance et de vices; mais enfin si sa toiture élégante avait été percée à l'une de ses extrémités pour laisser entrevoir le monde supérieur, pourquoi ne pas s'en réjouir? Ce n'est certes pas se mettre en désaccord avec le grand apologiste de l'aréopage, si habile à relire le nom de son Dieu jusque sur les autels de l'idolâtrie athénienne.

A toutes ces impressions, à toutes ces pensées se mêle pour moi un souvenir personnel. Cette intuition si vive de l'antiquité classique sur cette terre où fut son berceau et son triomphe me reporte à un ami bien cher, disparu, depuis de longues années, du milieu de nous. Malgré les plus brillants débuts à Paris, dans le monde littéraire, Adolphe Lèbre, avec son noble esprit et sa riche imagination, n'a guère laissé de trace sur cette surface mobile où le flot pousse si vite le flot. Pour ceux qui l'ont connu intimement et aimé, il demeure l'un des types les plus nobles du culte fervent du vrai, du beau, enfin de tout ce qui donne du prix à la vie. Pour moi qui ai eu le privilége de le connaître à l'âge où l'on naît aux intérêts supérieurs et à la poésie, je ne puis que l'associer à ce que j'éprouve à cette heure, car c'est avec lui et avec un autre ami [1] que, pour pour la première fois, j'ai bu aux sources pures de la grande poésie antique et que, malgré le thème grec et les lectures fragmentaires du col-

[1] M. Jean Monod, professeur à la faculté de théologie de Montauban.

lége, j'ai entrevu ces beautés souveraines dont on ne guérit plus quand on les a connues. Ces heures délicieuses passées le matin dans un modeste jardin de Paris à lire Eschyle, Sophocle et Homère, avec l'incomparable commentaire d'un enthousiasme intelligent comme celui de Lèbro il me semble que je les traverse de nouveau sur ce sol où la sublime poésie qui nous ravissait déjà redevient vivante à chaque pas et devant chaque pierre.

Trois jours dans le Péloponèse. Kalamaki.
Mercredi 18 mai.

Nous sommes partis d'Athènes le 15 mai, au matin, par le vapeur grec qui se rend à Nauplie tous les huit jours. L'aspect même du bateau était très pittoresque. De nombreux Pallicares en grand costume s'y étaient embarqués, ainsi que quelques jeunes dames également en costume national, avec la petite calotte rouge sur l'arrière de la chevelure; deux d'entre elles étaient parfaitement belles. Chaque débarquement donnait lieu à une scène de comédie qui aurait pu facilement mal tourner : c'était un ridicule désordre, une cohue effroyable; les bateliers cherchaient à se devancer et luttaient non-seulement à force de rame, mais encore à coups de poings, se battant d'une barque à l'autre et repoussant leurs embarcations d'une façon vraiment périlleuse. Puis venait la dispute des colis qu'ils terminaient en s'arrachant les propriétaires desdits colis avec une violence inouïe. Une pauvre femme s'est vue suspendue entre deux barques, tirée par les pieds et par la tête; peu s'en est fallu que le jugement de Salomon ne se réalisât littéralement pour elle. Le voyage maritime est magnifique. On a d'abord sous les yeux toute la côte d'Attique jusqu'au cap Sunium, puis, après avoir laissé à sa droite le détroit de Salamine on longe l'île d'Egine; on aperçoit très bien le fameux temple dressant sur la hauteur sa belle colonnade dorique. On traverse ensuite une succession d'amphithéâtres maritimes formant les courbes les plus gracieuses. Après Egine, la première île remarquable est Poros, toute couverte d'orangers et de citronniers. On montre sur une éminence l'emplacement du temple de Bacchus, où vint mourir Démosthène. Plus loin Hydra et Spetzia font descendre leurs petites capitales aux blanches maisons jusqu'au bord de la mer, dont l'azur est d'une teinte si foncée que le paysagiste qui la reproduirait serait accusé de forcer ses couleurs. Malheureusement un vent d'orage épaissit les nuées sur le golfe de Nauplie, où nous débarquons vers quatre heures.

Nous avons eu notre revanche le lendemain matin. Nauplie est une ville très bien bâtie, très ancienne et qui a conservé son type national; le costume grec y efface complétement le costume européen. Sa citadelle, placée sur un roc colossal, domine un des plus imposants panoramas de la Grèce. Il est encore admirable du pied de la colline. D'abord le golfe large et bleu; puis une triple rangée de montagnes, dont la dernière est couverte de neige; enfin une plaine verte et boisée, qui est l'Argolide. Ce paysage unit la grâce et la grandeur. J'ai remporté de cette petite excursion dans le Péloponèse une idée bien supérieure à celle que je m'en étais formée d'avance. Ce n'est plus la route poudreuse de l'Attique; la végétation est riche et d'autant plus belle pour le voyageur qu'elle est davantage livrée à elle-même; les arbres ne sont plus de tristes pieux dégarnis; leur feuillage se découpe gracieusement. Les montagnes ont toujours cette exquise pureté de lignes et cette coupe variée qui nous a ravis autour d'Athènes. A chaque pas surgissent les souvenirs classiques et héroïques.

Partis à cheval le 16 au matin, par un beau soleil, nous avons suivi la route de Nauplie à Argos, sans perdre un seul instant le golfe de vue. A deux kilomètres de Nauplie on arrive, par un long détour, dans une ravissante vallée fraîche et boisée.

O vallons! ô bocage!
O vent sonore et frais qui troublait le feuillage!

Sur une éminence sont les ruines de l'acropole de Tirynthe, l'ancienne rivale d'Argos. Des débris de murailles aux pierres colossales marquent l'emplacement de la ville; deux galeries souterraines voûtées, du style cyclopéen le plus imposant, nous reportent aux origines mêmes de l'art, alors qu'il visait surtout à imprimer l'idée de la force sur ses massives constructions. Argos n'est plus qu'une petite ville; elle nous a rappelé la Syrie par ses bazars et ses édifices. Son théâtre, dont il reste de nombreux gradins, dominait toute l'Argolide et le golfe de Nauplie. Devant la dégradation actuelle de cette antique cité, on a peine à s'expliquer le beau vers de Virgile :

*... Dulces reminiscitur Argos.*

Mais Tacite n'a-t-il pas dit de la Germanie *Triste cœlum, nisi patria!* D'ailleurs il faut se reporter au temps d'Agamemnon et rechercher la royale splendeur de la cité sous ses haillons.

Nous partons d'Argos escortés de quatre soldats. La route que nous devons suivre est, à ce qu'il paraît, particulièrement dépourvue de sécurité. On a parlé de gens arrêtés; la poste a été volée il y a deux jours. On a vu hier quinze brigands sur cette même route, et un gendarme a été tué. Deux compagnies d'Anglais, que nous avons rencontrées sur le bateau de Nauplie, ont pris des escortes. Notre guide a cru devoir les imiter, dans la crainte d'être dans son tort s'il nous arrivait quelque événement fâcheux; mais à peine sommes-nous embâtés de cette infanterie qu'il nous explique comment elle ne peut servir qu'à nous attirer des coups de fusil. Il nous apprend qu'il a la pratique des brigands du pays, qu'il a été déjà volé plusieurs fois et que nos soldats, en cas d'attaque, sont trop peu nombreux pour résister efficacement. Sur cette intéressante communication nous nous hâtons de piquer des deux et de laisser notre escorte à elle-même. Chaque soldat porte les galons de sergent; on nous explique que lors du renversement d'Othon on a élevé du même coup tous les soldats à ce grade, de sorte qu'il n'y a plus personne pour obéir; chacun se commande à lui-même. Il faut avouer qu'on a trouvé là un joli moyen de rétablir la discipline dans l'armée grecque, qui n'en a pourtant pas de luxe.

Vers le soir le ciel s'est de nouveau voilé, mais cette teinte sombre convient admirablement au paysage sauvage qui entoure Mycène, et aux mythes terribles qui lui sont associés. Après avoir salué sur les côtes de la Troade le pays de l'épopée, nous foulons à Mycène le sol épique. C'est bien ce sol dont Eschyle disait, dans son magnifique langage, que le sang qui l'avait arrosé n'y gelait jamais. Mycène, c'est la ville des Atrides, c'est la capitale d'Agamemnon. La magnifique trilogie d'Eschyle ne pouvait avoir une scène qui lui fût plus appropriée. Des montagnes nues et des roches sauvages l'enserrent de toute part, excepté du côté de Nauplie où scintille la mer. Comme cette nature tourmentée était bien en harmonie avec cette histoire de malédiction, qui renfermait une vérité morale si haute et si profonde;

ne déroule-t-elle pas à sa manière cette funeste généalogie du mal, né de la convoitise pour aboutir à la mort? Il y a dans ces légendes tragiques, et surtout dans l'interprétation qu'en donne Eschyle, un reflet sombre des épouvantes de la conscience projeté sur le ciel d'azur de la poésie homérique. L'hymne sans lyre des Furies, pour employer l'énergique expression du grand poëte, c'était le vague et douloureux sentiment du mal, c'était le cri du remords retentissant au milieu de cette fête héroïque à laquelle la Grèce, à son printemps, eût voulu réduire l'existence humaine. Certes, jamais cet hymne redoutable n'eut d'écho plus naturel que ces roches arides, tandis que dans le lointain la belle Amphytrite chante son chant de sirène du sein des flots brillants. Ce contraste, c'est toute la Grèce antique, c'est le drame de ses destinées morales, c'est la contradiction dont elle est morte. Mycène, peuplée pour moi des grandes figures de la tragédie grecque, m'a plus frappé par le caractère général du paysage que les ruines les plus grandioses. Cependant, le trésor d'Agamemnon, qui me paraît avoir été une sépulture royale, est un des types les mieux caractérisés de l'architecture pélagique, avec ses voûtes colossales et sa porte triangulaire. J'en dirai autant de la porte de l'Acropole et de ses lions sculptés. C'est sur une hauteur semblable que se tenait à Argos le vieux gardien de l'*Agamemnon* d'Eschyle, l'œil au guet pour apercevoir le signal qui devait annoncer le retour du grand roi et amener tant de désastres dans une maison déjà maudite. Mycène n'est plus qu'un hameau de quelques feux. Nous logions chez le prêtre grec, dans un bouge affreux communiquant avec l'écurie et dont nous ne pouvions fermer la porte. Nous aurions pu modifier ainsi le fameux vers de Béranger :

J'ai dans Mycène éveillé les insectes.

Nous en avons été dévorés. Le bas clergé grec est plongé dans une crasse ignorance ; ce qui veut dire qu'il a autant de crasse que d'ignorance.

Quelle pitié de penser que l'enseignement religieux de milliers d'hommes est confié à de telles mains. Nous saluons l'aurore avec ravissement, car elle met fin à nos tourments. Heureusement elle est à souhait et elle fait bien, car nous avons à traverser une merveilleuse contrée. Nous nous rendons à Corinthe par Némée. Mais cette merveilleuse contrée est du goût des brigands précisément par son caractère pittoresque et solitaire. C'est un de leurs asiles préférés en Grèce; ils y erraient hier encore. Aussi notre guide est-il impatient d'avoir franchi ce défilé et il nous le fait traverser au galop, regardant toujours si quelque fusil n'apparaîtrait pas à l'angle d'un rocher. Nous n'avons rien vu de pareil et n'avons pas la plus petite aventure à enregistrer. Le moyen de s'occuper des voleurs quand la matinée est si radieuse, quand les montagnes plongent dans la lumière pourprée, quand les branches des arbres humides de rosée scintillent avec tant d'éclat au soleil, alors surtout que le chemin n'est plus qu'un ravissant sentier alpestre entre des rochers qui surplombent, au bord d'un courant d'eau arrosant d'innombrables lauriers roses! Voilà un coin de la Grèce que nous sommes heureux d'emporter tout coloré dans notre souvenir. Après deux heures de course rapide, nous débouchons sur un vaste amphithéâtre naturel formé de verdoyantes collines : c'est le vallon de Némée, admirablement disposé pour les grands jeux qui s'y célébraient. Au centre sont les ruines du temple de Jupiter Olympien ; du milieu de tronçons de colonnes et de chapiteaux épars sur le sol se dressent trois colonnes du plus beau dorique, dont deux sont surmontées de leurs chapiteaux délicatement ornés. Les rayons du matin les inondent des teintes pour lesquelles elles sont faites. C'est un des plus beaux monuments de l'ancienne Grèce. De Némée à Corinthe, la route est d'un pittoresque monotone, elle passe entre des ravins qui se succèdent sans interruption. Enfin, le golfe apparaît avec sa ceinture de grandes montagnes. Nous nous hâtons de gravir la haute colline où était bâtie l'Acro-Corinthe. Malheureusement la chaleur accablante a rayé le ciel, et nous ne pouvons jouir qu'imparfaitement de cette vue célèbre. Derrière nous est la plus grande partie du Péloponèse, c'est-à-dire un amphithéâtre de vertes montagnes à perte de vue; à nos pieds, la vieille Corinthe avec son temple, puis l'isthme entre les deux golfes; en face les montagnes de l'intérieur de la Grèce, hélas! voilées. Nous avons bien craint de ne pas voir le Parnasse. Par bonheur, une fois dans la plaine, ses trois cimes neigeuses se sont dégagées et nous avons pu rendre nos devoirs à ce mont sacré de la poésie classique, qui a inspiré tant de mauvais vers. De la vieille Corinthe il ne reste que cinq colonnes doriques d'un style très lourd et un amphithéâtre romain. Un tremblement de terre, survenu il y a dix ans, a jonché le sol de ruines plus modernes. Tout est mort et silencieux sur ces rives où la vie païenne s'épanouissait jadis avec un luxe si brillant et si voluptueux que les avoir visitées était un privilége envié. C'est là aussi que le christianisme naissant eut l'un de ses plus actifs foyers. Qui n'a vécu en esprit dans cette Eglise de Corinthe, qui se détache si vivante des lettres de Paul, avec sa jeune ferveur, ses luttes intérieures et tout ce mouvement de pensée et de passion qui la caractérisait. La grande figure de saint Paul remplit la scène dès qu'elle apparaît : nous nous rappelons tant de paroles pathétiques que lui a inspirées son difficile apostolat en ces mêmes lieux. Encore ici l'antiquité païenne et l'antiquité chrétienne unissent leurs souvenirs. La nouvelle Corinthe n'est qu'un chef-lieu improvisé. Que ne deviendrait pas une ville ainsi située s'il y avait des routes pour la rejoindre, une protection efficace pour y maintenir la sécurité et un peu de cette confiance dans l'avenir sans laquelle l'esprit d'entreprise ne saurait se développer. Pauvre petit roi Georges! Sa tâche est rude. L'indiscipline hellénique n'est guère plus commode que l'apathie musulmane. Néanmoins tout est à espérer de cette race intelligente et vaillante, du jour où elle comprendra que la liberté consiste avant tout dans le respect du droit.

Ce matin, nos soldats se sont séparés de nous après une scène de comédie qui revenait à ceci : « Nous, des soldats grecs, accepter une rémunération! — Si, cependant, vous vouliez bien ne pas nous oublier? » Je dois rendre hommage à notre courrier, qui porte le beau nom de Philosophos; c'est la perle des drogmans, gai, alerte, vif, menant rondement bêtes et gens; avec lui on est maître du pays que l'on traverse. Il n'a qu'un inconvénient, c'est de fondre en larmes quand on lui fait observer qu'il écorche ses voyageurs. Il veut probablement les consoler par cette marque de sympathie. Soyons justes, l'écorchement a été modéré, surtout si nous le comparons à celui qu'ont subi nos compagnons de voyage anglais. Nous sommes maintenant à Kalamaki, attendant le départ du vapeur grec pour le Pirée, mais fort vexés de la fantaisie qu'a eue le gouvernement d'y entasser aujourd'hui près de deux cents soldats. Le motif de cette mesure ne laisse pas que d'être inquiétant pour nous. Il paraît qu'on envoie lesdits soldats à Athènes pour changer leur défroque usée et faire peau neuve, avant d'accompagner le roi dans son voyage aux îles Ioniennes.

Athènes, même jour, le soir.

Nous y voilà! et ce n'est pas dommage. La traversée a été abominable. L'entassement sur le bateau dépassait tout ce qu'on peut imaginer, et la mer était forte. Ma seule consolation a été de causer avec un citoyen d'Athènes tout à fait raisonnable, qui déplore amèrement l'état du pays. Ce qui y manque d'une manière absolue, c'est l'assiette, c'est l'élément conservateur dans la bonne acception du mot. La fortune territoriale est nulle, l'agriculture est négligée faute de capitaux qui fertilisent le sol. Partout l'indiscipline, le goût de l'aventure, depuis le parlement national qui fait un ministère par quinzaine jusqu'au paysan et au montagnard qui se repose de ses quelques travaux agricoles par un peu de brigandage. Le brigandage est une affaire plus sérieuse que nous ne le croyons. Il paraît que MM. les voleurs détiennent encore volontiers captif le voyageur dont ils espèrent une rançon. Enfin, il n'en demeure pas moins que, si nous avons traversé une passe périlleuse, nous sommes sains et saufs à notre hôtel, ce qui est assez prosaïque mais très satisfaisant. Mon interlocuteur du bateau pense que l'annexion des îles Ioniennes apportera au parlement et au pays cet élément conservateur sans lequel le navire resterait sans lest. Quel dommage que ce peuple si vaillant et si intelligent soit à ce point indiscipliné. Nous avons été frappés, surtout dans notre excursion dans le Péloponèse, de la beauté de la race, de tout ce qu'elle a gardé de fin, de vif, de délié. Mais à quoi lui servent tous ces dons si elle ne sait pas se régler elle-même? Une nation qui n'est pas gouvernée et qui ne se gouverne pas est un édifice qui n'a pas de ciment; on ne peut rien édifier avec elle. Espérons qu'après l'ère d'émancipation, suivie de l'ère de désordre, viendra l'ère d'organisation sérieuse. Tout porte à croire que dans les crises futures de l'Orient la Grèce pourrait avoir un rôle grand et bienfaisant à jouer. Il est temps qu'elle s'y prépare par une bonne politique intérieure, laquelle doit consister surtout dans une énergique réaction contre cet esprit d'insubordination universelle qui est le pire ennemi de la liberté.

Vendredi soir, 20 mai.

Voici deux journées bien employées. Hier visite à fond des antiquités d'Athènes effleurées dans une première course. Nous avons reconnu à l'Aréopage les siéges de trois juges et celui de l'accusateur public, ils sont taillés dans le roc. L'emplacement du Pnyx que nous n'avions vu que de loin nous a vivement intéressés; il forme un parlement en plein vent. La tribune surmontant le bureau des greffiers est parfaitement conservée; on pourrait y monter demain. Je suis étonné que cette fantaisie n'ait pas pris à quelques révolutionnaires grecs. Heureusement l'ombre de Démosthène n'a pas subi cette profanation. Plus haut est le vieux Pnyx, celui de Thémistocle et de Périclès. Nous avons passé deux belles heures au Parthénon. Nous nous faisons maintenant une idée nette de ce merveilleux ensemble. Nous ne pouvions détacher nos regards des métopes conservées dans les frises. Quelle fidèle image de la vie des gymnases et de cette éducation destinée à former l'esprit et le corps qu'avait rêvée Platon! La vie, la force, la beauté n'ont jamais trouvé de plus parfaits symboles que les jeunes Athéniens conduisant ces frémissants chevaux de course. Pour le coup, l'idée même du cheval, son idéal éternel (pour parler la langue de Platon) est atteint.

Ce matin nous avons retrouvé le vrai ciel de la Grèce; aussi nous sommes-nous décidés brusquement à faire la course du Pentélique, bien qu'on parle encore d'attaques à main armée aux portes d'Athènes. — Récemment douze étudiants qui mangeaient honnêtement un agneau à la pallicare derrière le jardin du roi ont été surpris par des brigands. Un d'eux a été emmené en otage et le chef de la bande a menacé le roi de lui servir l'étudiant lui-même à la pallicare s'il n'obtenait pas une prompte amnistie pour ses méfaits passés. Il paraît que ce héros aspire au repos et voudrait manger en paix sur le pavé de la capitale les jolis petits revenus qu'il s'est acquis. Le Pentélique n'a pas bonne réputation; notre guide y a été arrêté l'an dernier. Mais les nuages s'étant dissipés, nous n'avons pas hésité un instant, bien assurés que nous ne rencontrerions pas l'ombre d'un Fra-Diavolo. Arrivés au bas de la montagne, notre guide nous a dit mystérieusement de presser nos montures; il avait vu trois hommes, couchés dans l'herbe, qui avaient l'air d'être aux aguets; seulement il ne savait si c'étaient des brigands ou des gendarmes. Les malins prétendent que la différence entre les uns et les autres n'est pas toujours sensible. Nous étions parfaitement montés et il a suffi d'un quart d'heure de galop pour dépasser ces dangereux ombrages. Nous sommes convaincus que notre guide nous a donné une fausse alerte, mais cela montre où en est la sécurité du pays à une petite heure d'Athènes. On sait que le Pentélique a fourni les matériaux du Parthénon; la carrière d'où l'on a extrait ce marbre d'un si beau grain forme une grotte des plus pittoresques où abondent les stalactites. Du sommet on a un horizon qui s'étend du Parnasse au cap Sunium; d'un côté on voit le golfe d'Athènes avec l'Hymette de la base à la cime; plus loin, dans la même direction, on aperçoit les golfes de Salamine et de Corinthe, et l'Argolide; de l'autre côté la plaine de Marathon se termine par le golfe le plus gracieux, l'île d'Eubée lui fait face avec ses criques innombrables; plus à l'arrière les pics neigeux de la Grèce centrale se dressent dans l'azur. — Certes, contempler un pareil panorama par une journée idéale, c'est prendre dignement congé de la Grèce.

Nous avons voulu que notre dernière soirée à Athènes ne nous laissât pas un regret. Nous sommes montés à la colline de Musée, en face de l'Acropole. L'Hymette a pris des tons violets, tandis que les colonnes du Parthénon passaient du pourpre le plus ardent au rose le plus suave. Une heure plus tard, la lune se levait resplendissante dans un ciel où mourait le dernier rayonnement de ce beau jour de mai. Nous sommes montés à l'Acropole; nous avons vu sur ces ruines idéales cette lumière sereine et pourtant mélancolique d'une nuit d'argent qui semblait envelopper ce temple à moitié détruit de sa gloire évanouie. Au travers des colonnes du Propylée et du Parthénon apparaissaient de grands pans de ciel; le contraste des ombres et des rayons par cette lune de printemps produisait d'incomparables effets de lumière. Voilà certes bien des enchantements. Il serait facile de les tempérer par une sèche ironie et d'opposer les ridicules et les pauvretés du présent aux grands et poétiques souvenirs de l'histoire, comme aux beautés de la nature. Mais j'aime mieux m'abandonner tout entier à cette vision enchanteresse de l'ancienne Grèce. Je lis avec ravissement cette page radieuse de l'histoire de l'humanité, sans oublier toutefois comment elle a fini brusquement et tristement — sans oublier surtout qu'il en est une autre, austère et triste en apparence, qui contient le mot de l'énigme vainement cherchée ici dans l'art et l'héroïsme. Demain un dernier adieu au Parthénon, puis nous voguerons vers la patrie.

Devant Trieste, 26 mai.

Longue traversée qui tire à sa fin, avec une mer plus houleuse que de raison dans cette saison et ce climat! Cependant nous avons eu trois nuits d'argent : la première au départ, en longeant la côte de l'Attique; la seconde à Syra, et la troisième en face de la côte du Péloponèse que nous doublions. Partis samedi soir du Pirée, nous avons passé le dimanche dans l'île de Syra. Du haut de l'une des collines qui dominent la gracieuse capitale de l'île, nous avons embrassé une étendue de mer considérable et compté jusqu'à douze Cyclades. Mardi matin, nous longions Ithaque, qui m'a paru bien moins petite que je ne le croyais; à quatre heures nous avons salué la brillante Corfou, entourée de hautes montagnes et faisant face aux pittoresques côtes de l'Albanie. Nous avons eu là un coucher de soleil vraiment asiatique et qui ne nous faisait point pressentir les grosses vagues du lendemain; notre adieu à la mer sera sans tristesse.

Venise. Dimanche 29 mai.

Le voyage d'Orient est fini. Nous avons l'avant-goût de la patrie en foulant cette terre décidément européenne. Venise est la plus admirable transition entre ces pays de soleil que nous venons de traverser et notre pâle Occident. Sa beauté, pleine de grâce et de noblesse, est plus touchante encore sous le voile de deuil qui la recouvre si visiblement. Les sourires du ciel à cette fille des eaux, jadis si fière, ne sont pas moins étincelants qu'autrefois; le marbre de ses monuments n'est pas moins éclatant, et la peinture éblouissante de ses maîtres, qui ont retenu sur leurs toiles les plus ardents rayons de son soleil, n'est pas moins merveilleuse, mais l'âme même de la ville est absente. Venise n'est plus dans Venise; le port est désert, les gondoles qui traversent les lagunes ne portent que des soldats autrichiens ou des voyageurs; les palais sont fermés ou transformés en casernes. Le temple de l'art, où ont retenti les ravissantes mélodies des maîtres italiens, est fermé; on n'entend plus que la musique des régiments. L'uniforme autrichien m'exaspère quand il se prélasse à Saint-Marc. Pour me consoler, j'ai besoin de me rappeler que je l'ai vu il y a dix ans à Florence, et qu'on ne l'y verra jamais plus. Quand on parcourt ces églises et ces palais, quand on reconnaît dans ces portraits si fins et si fiers, peints par le Titien et le Tintoret, l'idéal de ce génie vénitien souple, profond et brillant; quand à chaque pas on retrouve les traces d'une nationalité puissante, on comprend qu'un tel passé ne peut se perdre définitivement dans la bureaucratie impériale. Si une ville fut aimée de ses habitants, c'est bien celle-ci; en voyant avec quel luxe ils l'ont parée, on se rappelle le beau vers de Schiller :

*Mit dem Schœnsten schmückt er sein Liebchen.*

« Ils parent l'objet de leur amour avec ce qu'ils ont de plus beau. » Certes ce n'était pas pour lui faire épouser un sabre tudesque; et puis sur cette terre a coulé un sang héroïque; celui-là non plus ne gèle pas sur le sol. Je résume toutes mes impressions par ce cri de la patrie italienne : « *Fuori i stranieri!* » Hors d'ici les étrangers!

Saint-Marc m'a fait comprendre mieux que jamais l'art byzantin, qui n'a su représenter, avec ses arcs de triomphe multipliés et ses vastes coupoles, que le côté victorieux du christianisme; encore n'a-t-il symbolisé que sa fausse victoire, celle que lui ménageait Constantin. Quelle différence entre ce style impérial et le gothique qui cherche, par sa flèche dentelée et l'élan religieux du chœur, à porter au ciel un brûlant et saint soupir de l'âme chrétienne. C'est dans les mystiques vierges de Bellini que le regard, tout ébloui de la pourpre et de la royale magie du Titien, retrouve ce côté plus élevé, plus tendre, plus intime du christianisme qui n'a jamais manqué au grand art.

Hier, en visitant l'église des jésuites, construite par le dernier doge de la république, je pensais qu'après tout, ce qui semble la ruine de Venise est son relèvement. Ce boudoir mignon et coquet surchargé d'enjolivements mesquins, est bien le type de la religion énervée des révérends pères au dernier siècle : c'était le sanctuaire qui convenait à une nation tombée dans une corruption vénale. Combien la Venise mutilée et dispersée des temps actuels, souffrant volontairement les douleurs de l'exil et se préparant à une lutte héroïque, n'est-elle pas plus réellement vivante que la cité raffinée et amollie qui ne savait plus unir la force à la ruse et qui succombait au double jésuitisme de la religion et de la politique! Le baptême de la douleur la conserve pour un grand avenir. Je fais vœu de venir saluer Venise régénérée et affranchie. En attendant, j'emporte dans mon cœur sa noble et triste image, si incomparablement belle.

Le chemin de fer nous emporte rapidement de Venise à Vérone; nous y visitons les arènes, grandiose monument où Rome a mis son rude génie, et qui nous présente le théâtre de ses plus cruels plaisirs. Les cachots où étaient enfermés les condamnés sont parfaitement conservés. Là, plus d'un chrétien a attendu en priant le martyre. Nous reprenons après quelques heures notre course rapide au travers des belles campagnes italiennes, voyant fuir les villes et les villages sous nos yeux. Voici Peschiera et le lac de Garde entouré des Alpes tyroliennes. Voici Solferino et la fameuse tour tant disputée. Voici Brescia, voici Milan. Le Christ de la *Cène* de Léonard de Vinci me paraît plus pathétique encore que la première fois que je l'ai contemplé. Comment oublier ce regard d'une infinie tendresse et d'une souffrance infinie ! Turin est notre dernière étape. Nous allons saluer au parlement la liberté italienne en plein exercice. Nous apprenons, dans des entretiens du plus haut intérêt, à mieux connaître ses périls et aussi ses mâles espérances. Certes, quoi qu'on en dise, cette résurrection de l'Italie est un des plus beaux spectacles de ce siècle. Il suffit de comparer l'Italie d'aujourd'hui à celle d'hier pour se féliciter de la grande révolution accomplie ; l'avénement du droit sur cette terre d'absolutisme et d'oppression étrangère devrait consoler tous les vrais libéraux de la chute de quelques malheureux princes qui s'étaient rendus solidaires du plus abominable régime. Le beau temple des Vaudois du Piémont élevé au centre d'une ville qui, il y a vingt ans, valait Madrid pour le fanatisme est un magnifique trophée de la plus sainte des libertés. Enfin, nous nous préparons pour la dernière journée du voyage. — Demain c'est la patrie, c'est la famille. — Nos cœurs sont pleins de joie et de reconnaissance.

. . . . . . . . . . . . . . . . . . . . . . . . . . . . . . . . . . . . . . . . . . . . . . . . . . . . . . . . . . . . . . . . .

Et maintenant adieu à la vie variée du voyage dans ces contrées si grandes par le souvenir ou si pittoresques. Adieu à cette lumière si riche, à ses effets multiples sur les hautes cimes ou sur les flots bleus. Adieu à toute cette fantasmagorie de costumes, de bazars, de mosquées, de ruines, de monuments superposés de trois ou quatre civilisations. C'est avec un intime bonheur que je rentre dans le cadre de l'existence journalière et que je vais reprendre au foyer et sous le ciel de la patrie la vie de devoir et de travail. Je rapporte les plus saints et les plus beaux souvenirs de ce magnifique voyage, dont l'austère Palestine et la brillante Grèce forment comme les deux pôles. — Sans cesse j'ai retrouvé, sous les dehors les plus divers, parfois les plus repoussants, cette même humanité si grande et si pauvre, et si semblable à elle-même dans ses grandeurs et ses pauvretés, que j'ai apprise à connaître dans notre Occident éclairé, et tourmenté. Je suis effrayé de tout ce qui reste à faire pour triompher de la masse d'erreur et d'abjection qui l'écrase dans ces lieux jadis si favorisés, — plus effrayé encore quand je me reporte à la situation réelle de nos pays dits chrétiens et que je me rappelle ce que vaut ce christianisme collectif et géographique. Mais n'ai-je pas vu partout briller le rayon divin sur la noble face humaine, sous la tente du Bédouin comme dans la maison de terre du village arabe ou dans les sales rues des villes syriennes? Dieu ne permettra pas que le sang du Christ ait coulé en vain sur cette terre aujourd'hui désolée, où le Verbe éternel s'incarna et fut immolé. Ayons confiance dans l'immense amour du Père de l'humanité.

# TABLE



FIN DE LA TABLE.

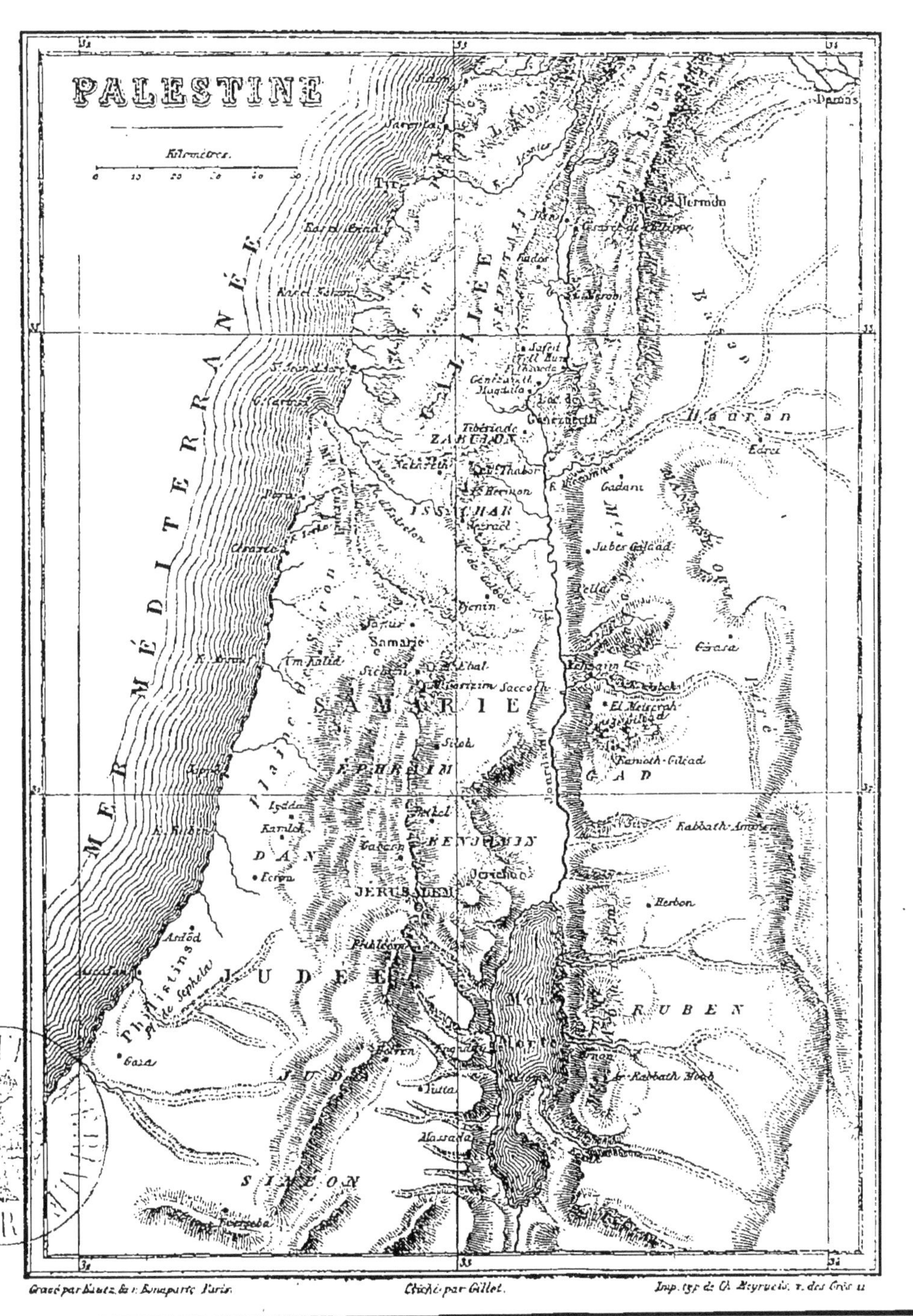
PALESTINE
Kilomètres.
MER MÉDITERRANÉE
Damas
Tyr
Gd Hermon
Césarée de Philippe
Safed
Génézareth
Magdala
Lac de Génézareth
Tibériade
ZABULON
Nazareth
Mt Thabor
Hermon
ISSACHAR
Haùran
Edrei
Gadara
Jubes Galaad
Pella
Jenin
Samarie
Sichem
Ebal
Garizim
Saccoth
SAMARIE
Gerasa
El Meisrah
Siloh
Ramoth-Gilead
EPHRAIM
GAD
Lydda
Ramleh
Bethel
BENJAMIN
Rabbath-Ammon
DAN
Ecron
Jéricho
JERUSALEM
Hesbon
Asdod
Bethléem
JUDÉE
RUBEN
Gaza
Engaddi
Rabbath Moab
Jutta
Massada
SIMEON
Bersaba
Jourdain
Gravé par Kautz, 6 r. Bonaparte Paris.
Cliché par Gillet.
Imp. typ. de Ch. Meyrueis, r. des Grès 11

www.ingramcontent.com/pod-product-compliance
Ingram Content Group UK Ltd.
Pitfield, Milton Keynes, MK11 3LW, UK
UKHW020200250726
13967UKWH00003B/1166